LES
CHAMPIGNONS COMESTIBLES

DU

CANTON DE NEUCHATEL

ET LES ESPÈCES VÉNÉNEUSES AVEC LESQUELLES ILS POURRAIENT ÊTRE CONFONDUS.

~~~~~

TEXTE ET DESSINS PAR

Louis Favre-Guillarmod, professeur,

Membre de la Société Helvétique des Sciences Naturelles.

Deuxième livraison.

Publié sous les auspices de

LA SOCIÉTÉ NEUCHATELOISE D'UTILITÉ PUBLIQUE.

NEUCHATEL
LIBRAIRIE GÉNÉRALE DE J. SANDOZ

1869

NEUCHATEL. — IMPRIMERIE G. GUILLAUME FILS.

AVANT-PROPOS.

Depuis l'apparition du premier cahier de champignons comestibles, en mars 1861, il s'est écoulé environ huit années pendant lesquelles on a pu juger de l'opportunité de cette publication. Je n'étais pas sans inquiétude sur les conséquences qu'elle devait entraîner en tombant dans le domaine public. L'espoir de diminuer le nombre des accidents qui presque chaque année affligeaient une ou plusieurs familles de notre pays, était sans doute le principal motif de cet ouvrage, mais il pouvait arriver aussi que les renseignements qu'il renferme ne fussent pas compris, et qu'au lieu de prévenir le mal, ils ne devinssent la cause de catastrophes encore plus regrettables. En effet, il suffit d'une description lue sans attention, d'une comparaison faite à la légère pour amener un désastre. Ici, la moindre erreur, une précaution négligée peut produire la mort. Je craignais surtout pour les gens habitués à se contenter d'une demi-étude et qui, fiers de leur savoir insuffisant, agissent avec une confiance qui fait frémir.

Grâce au ciel mes craintes ne se sont pas réalisées et ces derniers huit ans n'ont été marqués, du moins dans notre canton, par aucun empoisonnement provoqué par les champignons. Et pourtant l'usage de ces végétaux comme comestibles s'est singulièrement étendu et le nombre des chasseurs a pris des proportions considérables. C'est durant ce laps de temps qu'on a commencé à les apporter sur quelques-uns de nos marchés, et qu'on les a vus figurer dans nos expositions agricoles où parmi des centaines d'objets ils n'étaient pas les moins remarqués. Le Dr Joseph Roques avait raison lorsqu'il disait dans son *Nouveau traité des plantes usuelles* (1838), « ce n'est point en criant au poison qu'on éloignera les pauvres gens de l'usage des champignons, les déclamations, la menace même d'une mort cruelle ne les corrigera point : la véritable philanthropie consiste à instruire, à éclairer le peuple. Apprenez lui à distinguer les bonnes et les mauvaises espèces de champignons, les accidents seront alors beaucoup plus rares. »

Un botaniste de mes amis, frappé de l'apparition de maladies d'entrailles qui éclataient çà et là sans cause apparente parmi les habitants de son village, gens robustes, vivant en plein air, et dont le régime devait les mettre à l'abri de tels accidents, s'avisa de faire la visite des jardins potagers qui accompagnent chaque maison. Il soumit à une exploration minutieuse les plates-bandes entremêlées de fleurs, où les ménagères aiment à cultiver les herbes aromatiques de la famille des ombellifères ; c'est là qu'il entrevoyait l'origine du mal. En effet, parmi les plantes de persil, de cerfeuil, de céleri, auxquelles le potage emprunte ses condiments traditionnels, il trouva fréquemment la petite ciguë (Æthusa cynapium) (¹) dont les propriétés toxiques ne sont que trop avérées. Non seulement il réitéra ses visites chaque année, mais il enseigna à ses voisins à distinguer avec certitude la plante suspecte pour l'extirper, et aujourd'hui il a la satisfaction de voir disparaître les accidents, suites de funestes méprises.

Je n'ai pas la prétention de m'attribuer l'honneur des progrès faits chez nous dans la connaissance des champignons utiles ; mais je suis heureux d'y avoir contribué pour ma part, et d'avoir au moins attiré l'attention sur cette application de la botanique. Comment exprimer le plaisir que j'ai éprouvé maintes fois dans mes herborisations, lorsque je rencontrais sous les hautes futaies un chasseur de champignons sortant des profondeurs de la forêt. Son panier ou son mouchoir rempli de magnifiques exemplaires, me faisait tressaillir de satisfaction. Lorsque je m'arrêtais pour l'interroger, il me montrait son butin avec un orgueil mal contenu. — Et vous allez manger cela, lui disais-je. — Parbleu. — Etes-vous sûr des espèces que vous avez cueillies ? — Parfaitement, d'ailleurs, voyez-vous, elles sont figurées dans ce livre. Et il sortait de sa poche le premier cahier de cet ouvrage. Si je me permettais de compléter les renseignements imprimés, l'autre à qui j'étais inconnu, me regardait du coin de l'œil, et ramassant son mouchoir, il me disait d'un air goguenard : — Vous voulez en savoir plus long que le livre !

Autrefois on ne cherchait guère avec passion que la morille au printemps. Je connais aujourd'hui des chasseurs enthousiastes qui poursuivent avec une égale ardeur le mousseron, la chanterelle, l'agaric délicieux, les hydnes, mais surtout le Bolet comestible ou le ceps dont la saveur distinguée a conquis bien des sympathies. Non seulement on mange les champignons à l'état frais, on les sèche pour l'hiver, ou bien on les conserve dans la saumure, dans l'huile ou dans le vinaigre pour servir d'assaisonnement. J'ai vu des amateurs qui se faisaient suivre d'un portefaix lorsque les bolets étaient abondants et qui en récoltaient des quintaux en peu de jours.

Malgré cela, nous laissons encore perdre par négligence et aussi par ignorance ,sous forme de champignons, une énorme quantité de substances alimentaires de nature azotée ; cette année (1868), en particulier, cela était d'autant plus sensible que la végétation fongique s'est prolongée jusque assez avant dans le mois d'octobre. Malgré la sécheresse et la chaleur de l'été, conditions peu favorables, il s'est produit des alternatives d'humidité qui ont fait éclore des myriades de champignons. La terre en était

(1) Voir *Plantes vénéneuses par M. Ch. Godet*, page 29. Cet ouvrage mérite d'avoir sa place dans chaque école.

jonchée et c'était merveille de voir leurs têtes innombrables, étaler leurs couleurs éclatantes sur la mousse des futaies ou sur l'herbe des clairières et des taillis. C'est alors qu'il aurait fallu se hâter, que chacun aurait dû prendre sa part de cette manne que la Providence tient en réserve d'ordinaire pour les années humides, fatales aux récoltes. C'est que ces végétaux dont la substance est presque animalisée, n'ont qu'une courte vie ; les meilleurs sont les plus jeunes, et il suffit de quelques heures, lorsqu'il fait chaud, pour amener leur décomposition, ou pour les voir attaqués par les vers et les limaces.

Il faut que nous soyons bien riches pour laisser perdre tant de bons repas, me disais-je, en voyant la putréfaction gagner ces moissons spontanées qui n'auraient demandé d'autre effort que d'étendre la main pour les cueillir, et qui transformaient nos bois en charnier infect comme au lendemain d'une bataille. Et cependant, çà et là on a fait des récoltes merveilleuses, on s'est même ingénié à faire des essais sur des espèces non encore reconnues comestibles, mais que leur aspect extérieur recommandait à l'attention des chasseurs. On m'a envoyé de divers côtés des exemplaires sortant du cadre de la première livraison, pour en savoir les noms et les propriétés. Le désir d'en connaître davantage s'est éveillé chez un si grand nombre de personnes qu'il a bien fallu donner satisfaction à ce besoin d'un genre nouveau parmi nous. C'est ce qui m'a engagé à me rendre au vœu du Comité de la Société d'Utilité publique du Canton de Neuchâtel, qui a bien voulu insister pour que l'œuvre patronée par elle il y a huit ans, fût complétée et popularisée de plus en plus. En terminant je dois rendre hommage à la courageuse initiative de l'éditeur M. Jules Sandoz, et au talent de M. H. Furrer qui n'a rien négligé pour assurer la réussite des planches.

C'est ainsi qu'est née cette publication nouvelle qui compte vingt-neuf espèces utiles ou intéressantes, et qui porte à quarante-huit espèces le nombre total des champignons figurés et décrits dans l'ouvrage entier. J'ai cherché à choisir les espèces les plus charnues et les plus fréquentes, celles qui vivent en société et qui peuvent contribuer à l'alimentation générale

OBSERVATIONS

sur les espèces renfermées dans le premier cahier.

Lorsque j'indiquai l'*Oronge vraie* (Agaricus Caesareus) dans la première partie de ce travail, je ne l'avais jamais rencontré dans le canton de Neuchâtel et personne n'avait pu me dire si on l'avait jamais trouvé. Je n'en avais vu que des exemplaires venant du Canton de Vaud, et j'en étais réduit à reproduire une planche de l'ouvrage de Trog, dessinée d'après nature par le peintre Bergner. Dès lors en 1866 M. L. Chapuis, pharmacien à Boudry, a eu la chance d'en cueillir deux ou trois exemplaires, près de Colombier ; mais comme la saison était pluvieuse et froide ils n'avaient pas l'ampleur et la coloration qu'on leur connaît. Le 1er septembre de cette année (1868), je suis tombé fortuitement sur un gîte d'Oronges à tous les degrés de développement. C'était près de Colombier, à la lisière d'une forêt de pins ; ces magnifiques champignons vivifiés sans doute par la température tropicale de l'été sortaient de l'herbe verte leurs têtes écarlates, qui resplendissaient au soleil, encore à demi enveloppées de leur volva blanc, et laissant entrevoir discrètement leurs feuillets d'or. C'était un tableau fait pour transporter d'admiration un mycologue peu habitué à de telles bonnes fortunes, et je ne pus m'empêcher de pousser un cri de joie. Le surlendemain, j'en trouvai encore un plus grand nombre, et quelques jours après, un de mes amis, M. Paul Barrelet, m'en envoya un panier. J'eus la satisfaction non seulement de goûter du bout des dents ce champignon si apprécié des Romains, mais d'en faire plusieurs repas, et je dois reconnaître que les Romains n'ont pas exagéré sa réputation. Sous le rapport de la saveur, du parfum, de la délicatesse de la chair et de la distinction de la couleur qui rappelle la chair de l'ombre chevalier, ce roi de notre lac, aucun autre, à ma connaissance, ne peut lui être comparé.

Le champignon que plusieurs personnes ont mangé l'automne dernier, à la Chaux-de-Fonds, sous le nom d'Oronge, est l'*Agaric glutineux* (Hygrophorus glutinifer), (¹) qui en diffère par la couleur du chapeau et par l'absence de volva. La seule analogie entre ces deux espèces est la coloration de la chair dans la partie supérieure du chapeau, mais dans l'oronge elle est jaune-orange, tandis que dans le glutineux elle a une nuance rosée.

Je ne puis assez recommander la planche empruntée à Trog, qui est reproduite dans mon premier cahier. Elle est l'image fidèle de l'Oronge à tous les degrés de développement.

(1) Planche.

Qu'on se garde bien de la confondre avec l'*agaric aux mouches* dont le poison est des plus redoutables.

—

L'*Agaric élevé* (Ag. procerus) ne croît jamais en société ; on le voit çà et là sous les futaies, dressant son parasol, dont l'âge modifie la forme, mais que l'œil distingue à cent pas de distance. Je n'en ai jamais trouvé plus de huit ou dix dans une promenade de quelques heures. Il ne constitue pas une grande ressource alimentaire, mais son apparition est toujours saluée avec plaisir.

—

L'*Agaric comestible* (Ag. campéstris) se présente parfois en telle abondance dans certaines prairies, à la fin de septembre et au commencement d'octobre, que des cultivateurs avisés l'ont recueilli par tombereaux pour servir d'engrais. On ne peut qu'approuver une telle pratique lorsqu'il s'agit des exemplaires déjà passés, mais ne vaudrait-il pas mieux enlever les jeunes, avant l'épanouissement du chapeau, et les conserver dans la saumure, ou les sécher suspendus à un fil comme les mousserons, si l'on ne peut tout consommer à mesure ?

—

Le *Mousseron* (Ag. prunulus) préparé à l'état frais, lorsqu'on vient de le cueillir avant l'élargissement du chapeau, est un des mets les plus délicats. Lorsqu'il a été séché il est beaucoup moins savoureux ; l'apprêt en usage pour les vol-au-vent aux ris de veau, est à mon goût, celui qui me paraît préférable. Associé à un ris ou à une cervelle de veau, il doit être digne des tables les plus recherchées. C'est au mois de mai ou à la fin d'avril, que le mousseron sort de terre, comme les morilles aux premiers souffles tièdes du printemps. Il suffit de le cueillir une fois pour comprendre le sens de son nom, car c'est dans la mousse dont il est couvert qu'il faut le chercher. J'ai pu admirer la sagacité, je dirai même le flair des vrais chasseurs qui ne se fient pas à leurs yeux, mais qui grattent la mousse des prairies naturelles, dans les endroits nommés vulgairement ronds de *sorcières*, (¹) lors même qu'au dehors on n'aperçoit pas trace de champignon. C'est ainsi que j'en ai vu remplir les paniers.

C'est près du Mousseron qu'il faut ranger l'*Ag. gambosus*, figuré dans le second cahier. — D'autres espèces très voisines croissent au bord des bois, dans les friches à la fin de l'été et en octobre. Elles sont comestibles.

L'*Agaric délicieux* (Ag. deliciosus) est aussi une des bonnes espèces comestibles ; on en fait une grande consommation surtout dans nos Montagnes. Quelques amateurs

(1) Voir premier cahier, page 2.

le préfèrent aux chanterelles, aux clavaires, à l'agaric champêtre, parce que sa chair est tendre et n'a rien de filandreux. Il y a 30 ans, Roques disait dans son *Traité des plantes usuelles* : « Malgré le nom d'*Agaric délicieux* que lui a donné Linné, quelques « naturalistes lui contestent des qualités alimentaires, et on le mange rarement en « France. Peut-être l'espèce qui croît dans le nord de l'Europe, est-elle différente de « celle qu'on observe dans nos Provinces. » — Un fait certain, c'est que les Suédois en font le plus grand cas ; en Allemagne, on le conserve pour l'hiver dans la saumure ou dans le vinaigre. Plenck dit qu'il est excellent dans les ragoûts. Le lait rougeâtre qui s'en échappe lorsqu'on le brise et qui laisse dans la bouche une saveur piquante et poivrée, est probablement avec la teinte verdâtre qu'il prend en vieillissant, ce qui le rend suspect auprès de certaines personnes.

La *Chanterelle* (Cantharellus cibarius), ainsi que les diverses sortes de clavaires qui croissent dans nos bois, clavaire dorée (Clavaria aurea), clavaire corail (clav. coralloides), (cl. dichotoma), etc., sont entrées dans l'usage commun et depuis quelques années on les apporte au marché (¹). Des expériences réitérées ont démontré leur innocuité, pourvu toutefois qu'on les ait cueillies avec les précautions recommandées, c'est-à-dire en choisissant les jeunes, dont le tronc est peu ramifié, et en écartant les exemplaires trop vieux, desséchés ou en voie de décomposition. Mais j'ai commis une erreur dans le premier cahier, en portant à deux heures le temps pendant lequel il convient de bouillir les chanterelles ; elles sont plus tendres lorsqu'on les fait bouillir un quart d'heure dans de l'eau contenant un peu de vinaigre ; on les retire, on jette l'eau, puis on prépare avec du bouillon une sauce au vin, assaisonnée d'oignons, de ciboules, de fines herbes, on y jette les champignons et on les fait cuire encore un quart d'heure. Une cuisson prolongée les rend coriaces.

Le *Bolet comestible* appelé en France Cèpe ou Gyrole (Boletus edulis) tient un des premiers rangs parmi nos champignons indigènes, par sa délicatesse et sa saveur ; mais il est capricieux dans ses apparitions et tient parfois rigueur à ses adeptes. Il est vrai que lorsqu'il manque dans la plaine, il est quelquefois abondant sur les montagnes, et les chasseurs qui ont du temps à leur disposition, peuvent le poursuivre dans ses retraites les plus lointaines. Jamais je ne l'ai vu en nombre aussi extraordinaire qu'à la fin d'août et dans les premiers jours de septembre 1868. Dans un carré de quarante pas, j'en ai cueilli près de vingt livres de chair épluchée, dépouillée des tubes et de tout ce qu'on doit rejeter. Il y en avait assez pour un dîner de huit personnes. Je n'avais pris que les plus jeunes, alors qu'ils sont presque arrondis, que les

(1) Les auteurs s'accordent à reconnaître pour les meilleures, les espèces de clavaires qui ont des teintes rouge-carmin, par exemple Cl. botrytis, Cl. sanguinea, etc.

tubes sont à peine visibles, que la chair est ferme et sèche. Comme la chaleur était intense et que l'air contenait fort peu d'humidité, la couleur du chapeau était différente de celle qu'on lui attribue d'ordinaire; il était d'un brun jaunâtre très clair et l'épiderme fendillé laissait voir des crevasses d'un ton encore plus pâle. J'ai trouvé dans Schäffer (¹) des figures rendant l'aspect de ces Bolets avec une vérité frappante.

Les *Hydnes* (Hydnum imbricatum, Hyd. repandum) sont extrêmement fréquents dans les forêts pendant l'été; ils ne croissent jamais isolés, et comme ils prennent une taille respectable, et qu'ils sont épais et charnus, il n'en faut pas un grand nombre pour un repas substantiel. Mais malgré le soin que j'ai pris de choisir les exemplaires les plus frais et les plus jeunes, j'ai toujours trouvé la chair de ces champignons peu délicate pour ne pas dire coriace. Peut-être cela tient-il au mode de préparation.

Les *Morilles* (Morchella esculenta, Morch. conica) la seconde surtout, ont toujours leurs partisans enthousiastes qui attendent avec une impatience fiévreuse le retour du printemps pour se mettre à la recherche de leur champignon favori. Ces dernières années on m'en a apporté plusieurs qui avaient atteint un développement énorme et un poids de plusieurs onces. J'ai pu me convaincre par des communications authentiques faites à nos journaux que la morille conique se montre dans tous les mois de l'année, aussi bien en été qu'en hiver, mais la vraie végétation se fait en avril et en mai. On m'a assuré qu'elle se reproduit plusieurs années de suite dans les lieux où l'on en a suspendu des paquets pour les sécher à l'ombre. Pareille chose arrive dans les jardins dont les allées ont été couvertes de tan. Il serait intéressant d'entreprendre des expériences suivies sur les moyens de propager cette excellente espèce, dont le prix va toujours en augmentant.

La *Truffe d'hiver* (Tuber brumale), rencontrée çà et là, par hasard dans notre canton, n'est pas l'objet de recherches réglées comme aux environs de Delémont, où elle procure des gains qui ne sont pas à dédaigner. La récolte se fait en automne à l'aide de chiens dressés pour cet emploi. On conserve les truffes dans du sable ou dans des bocaux pleins d'huile, sans cela elles ne tardent pas à se gâter. On peut aussi les sécher, mais elles perdent leur parfum.

Depuis quelques années on est parvenu à cultiver les truffes avec succès dans le département de Vaucluse. Voir sur ce sujet le *Mont Ventoux*, par Ch. Martins, et le procès-verbal de la Société d'encouragement pour l'industrie nationale de France, du 27 novembre 1868.

(1) *Fungorum qui in Bavaria nascuntur*, 4 vol. Ratisbonne 1780.

FIN.

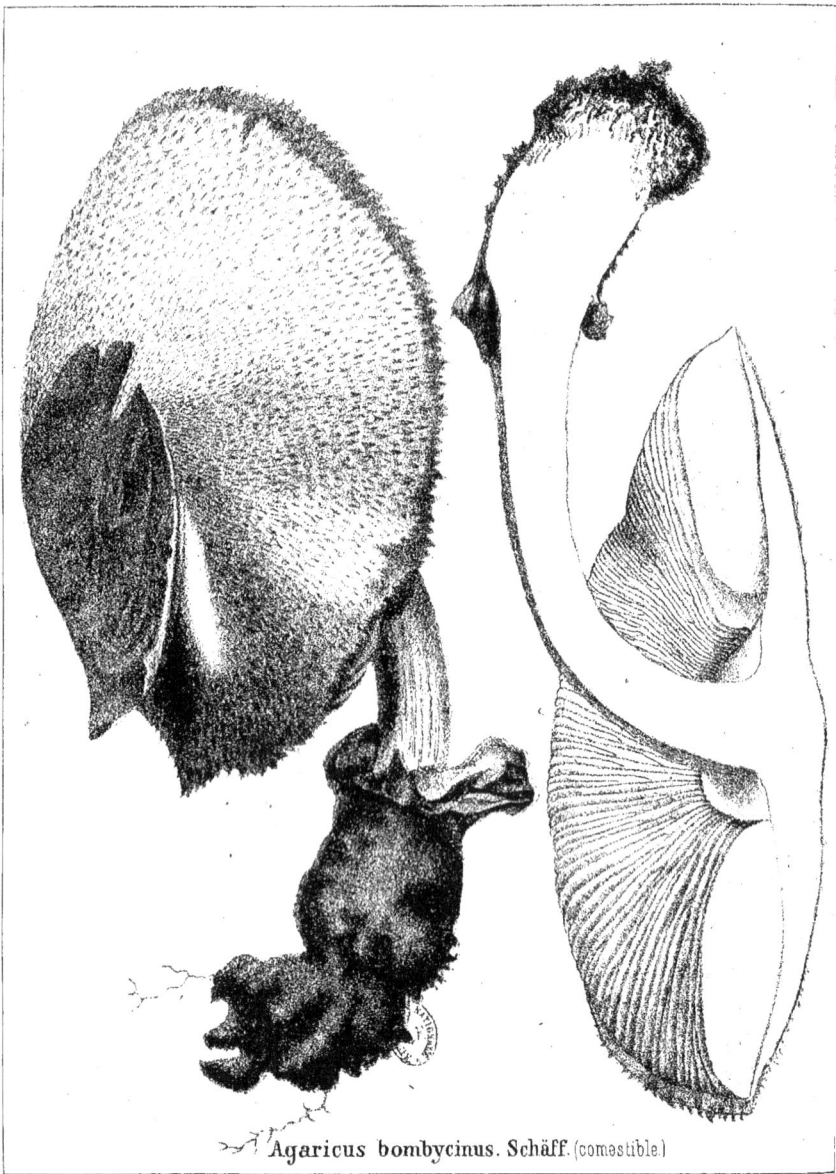

Agaricus bombycinus. Schäff. (comestible.)

L.ᵉ Favre del. Lith. de H. Furrer. M.ᵗ Favre lith

AGARICUS BOMBYCINUS. Schæff.

Der Seidenschwamm.

Caractères. — Ce champignon est d'abord entouré d'un volva, ou d'une enveloppe de couleur jaune qui se déchire, laisse de grands lambeaux à la surface du chapeau, et enveloppe la partie inférieure du pédicule comme un fourreau lâche.

Description. — Le chapeau est peluché, soyeux, luisant, rose-jaunâtre très-clair, large de 3 à 7 pouces, d'abord en forme de cloche, puis un peu aplati. Le pédicule a de 3 à 6 pouces de haut, nu, plein, blanchâtre. Les feuillets sont larges, de plusieurs longueurs, n'atteignant pas le pédicule, colorés en brun-rose pâle, comme les sporules, à la fin se fondant en eau. Les lambeaux du volva sont très-visibles sur le chapeau, ainsi que sur le bas du pédicule qui en est enveloppé.

Ce beau champignon croît en été au pied des vieux arbres, ou dans leur cavité. — Micheli affirme qu'il est comestible.

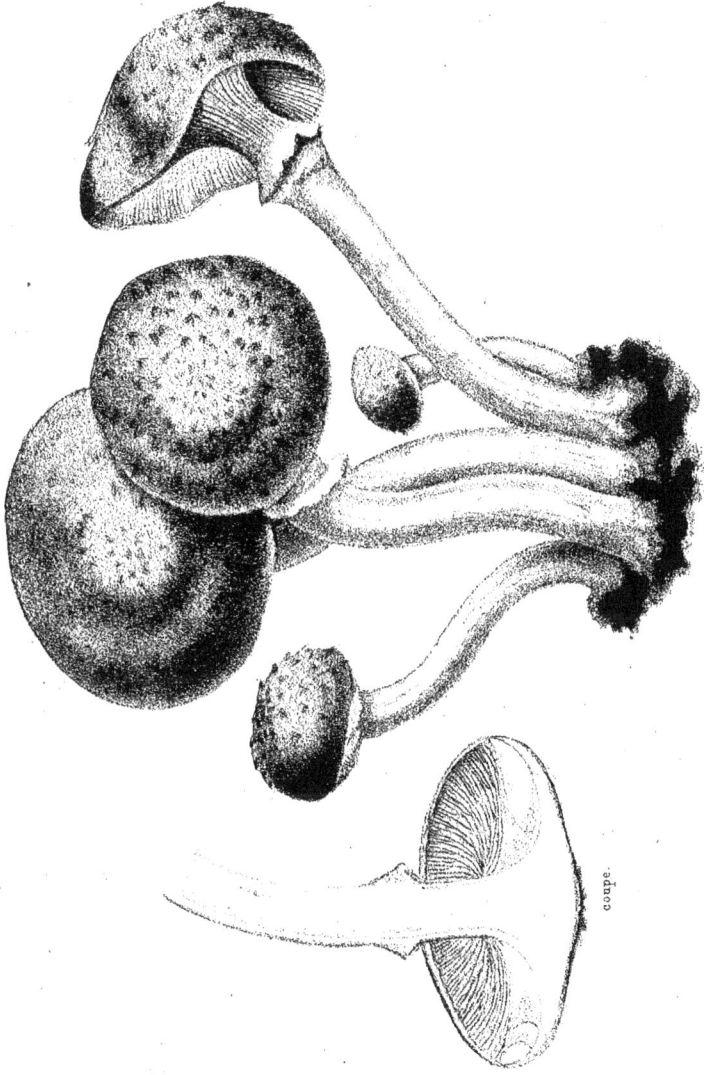

Agaricus melleus, Fl. dan. Agaric en groupes (comestible.)

Chromolith. de H Furrer, Neuchâtel.

L.ª Favre del.

M.ᵉ Favre lith.

coupe.

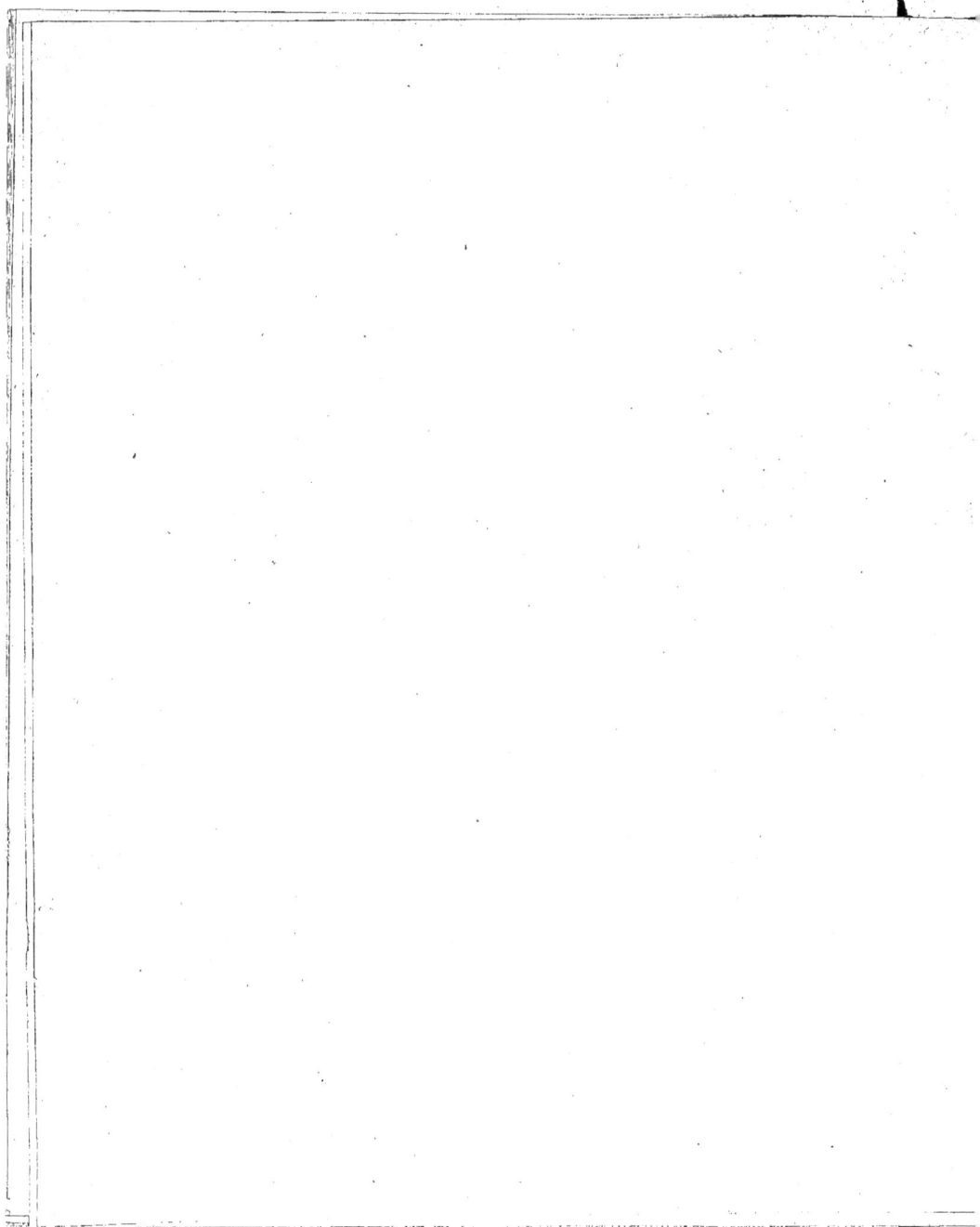

AGARICUS MELLEUS (Fl. Dan.) /armillaria/

L'AGARIC EN GROUPES. — *Der Hallimasch.*

Caractères. — Chapeau charnu, devenant plat, écailleux, velu, bord mince et rayé. — Pédicule plein, élastique, fibreux, entouré à sa partie supérieure d'un anneau lâche. — Lamelles un peu éloignées, pâles, puis blanches marquées de taches rouille.

Description. — Pédicule fibreux, écailleux, souvent tuberculeux en vieillissant ; longueur 6 à 8 pouces, épaisseur 1/3 à 3/4 de pouce, courbé quand il est en touffes ; couvert d'abord de filaments blanchâtres qui deviennent plus sombres. L'intérieur est fibreux, blanchâtre, devenant brunâtre ou rougeâtre et plus ou moins coriace vers le bas. A environ 1 pouce du chapeau est un anneau velu, blanchâtre, membraneux, délicat. — Le chapeau est d'abord en boule, puis un peu aplati, souvent humide, large de 2 à 5 pouces, couvert d'écailles brunes, velues, serrées au milieu et disséminées vers les bords ; sa couleur est jaune-brun. Les lamelles sont délicates, de longueurs différentes, descendant sur le pédicule, blanchâtres ou jaunâtres, un peu rougeâtres vers le bord, devenant sales en vieillissant. A la maturité les sporules des plus grands tombant sur les petits, ceux-ci paraissent saupoudrés de farine. — L'odeur du jeune champignon, est faible, la saveur un peu amère et peu agréable. — Il croit sur les troncs pourris et les racines de plusieurs espèces d'arbres, surtout de hêtres et de sapins, sur lesquels il forme des groupes de 40 à 80 individus.

Confusion. — Il serait possible de le confondre avec *l'ag. mutabilis, l'ag. sublatcritius, l'ag. fascicularis* qui croissent aussi sur les vieux troncs et qui ont avec lui une certaine ressemblance. — Mais le 1er est comestible. — Le 2d en diffère par le pédicule plus court, des touffes plus petites et sa couleur plus claire.—Le 3me par sa couleur jaune de soufre et ses lamelles verdâtres qui se fondent en un liquide noir. En outre ce dernier a un goût amer que ne lui ôte pas la cuisson, et qui communique au plat où il est mêlé une saveur si désagréable qu'il faut à tout prix l'écarter. Je donne plus loin une figure de l'ag. fascicularis pour renseigner plus complètement le lecteur.

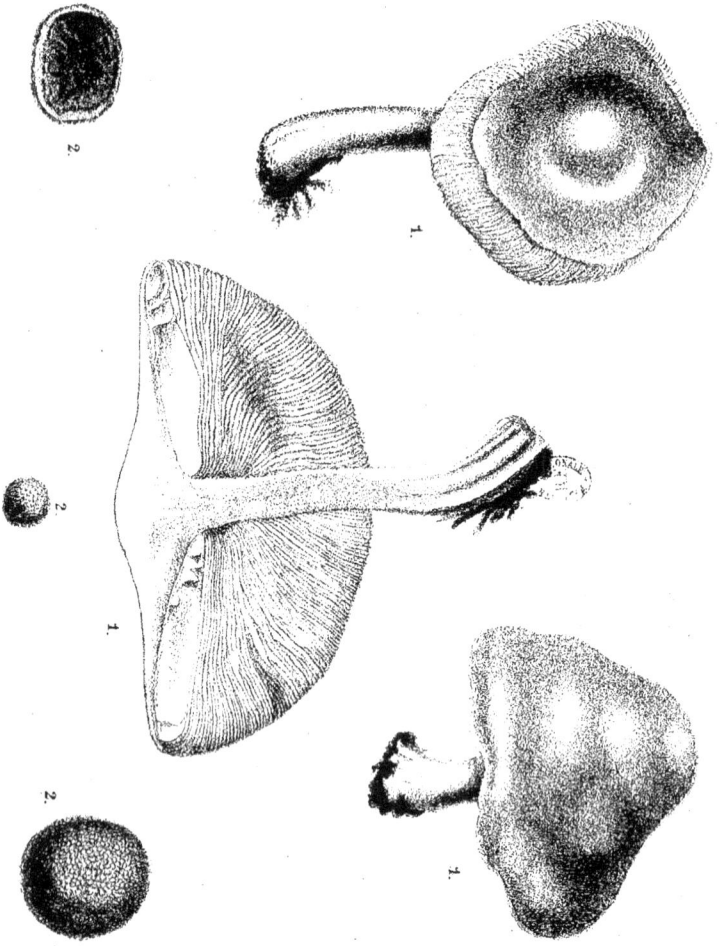

L.ᵗ Favre del.

1. Agaricus gambosus . Fr. (comestible) 2. Elaphomyces granulatus.

Chromolith. de H. Furrer, Neuchâtel.

Mᵉˡ Favre lith.

AGARICUS GAMBOSUS. Fries.

Der Huf-Maischwamm.

Caractères. — — Ressemble beaucoup aux mousserons ; chapeau charnu, non coriace, le dessus humide — le pédicule plein, un peu renflé au bas — les feuillets blancs
ainsi que les sporules.

Description. — Tout le champignon est d'un blanc-jaunâtre ; chapeau convexe, puis
plat, mais contourné, ondulé, large de 4 à 6 pouces, humide, lisse, tacheté, à la fin
crevassé ; dans le premier âge le bord du chapeau est enroulé et le haut du pédicule
finement floconneux ; — celui-ci est robuste, à peu près cylindrique. — Les feuillets
sont dentelés, serrés, plus larges au milieu, attachés au pédicule par une dent.

Il croît au printemps (mai) dans les prairies et les pâturages ; il est comestible et on
le prépare comme le mousseron.

ELAPHOMYCES GRANULATUS. Fr.

SCLERODERMA CERVINUM Pers. — *Der Hirschbuff.*

Caractères. — Ce singulier champignon se rapproche beaucoup des truffes ; comme
elles il est arrondi en boule plus ou moins régulière, mais sa chair ne tarde pas à être
remplacée par une poussière noire. Les téguments
extérieurs sont durs, coriaces, couverts d'aspérités nombreuses.

Description. — C'est une boule jaunâtre, sans racines, à surface chagrinée, de la
taille d'une noisette ou d'une noix, que l'on trouve dans la terre comme les truffes.
L'intérieur est d'abord blanchâtre, puis rempli d'une poussière noire. L'écorce devient
avec le temps dure comme du bois.

Il croît en grand nombre, sous terre dans les montagnes. Les exemplaires que j'ai
trouvés moi-même avaient été mis à nu par l'érosion de l'eau. On m'en a apporté
plusieurs qui avaient été déterrés par les sangliers au pied de la montagne de Boudry.

Il n'est pas comestible ; je ne l'ai figuré qu'incidemment et pour répondre aux
personnes qui m'ont demandé des renseignements à son sujet.

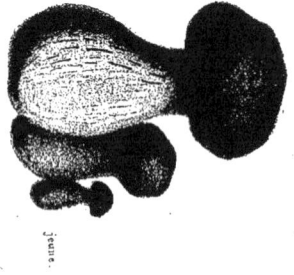

jeune.

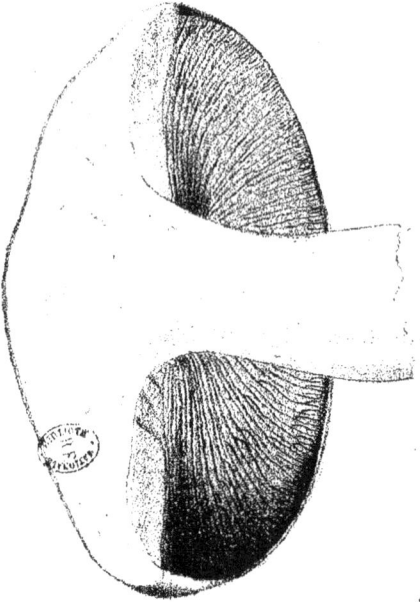

coupe.

Agaricus fumosus Pers.

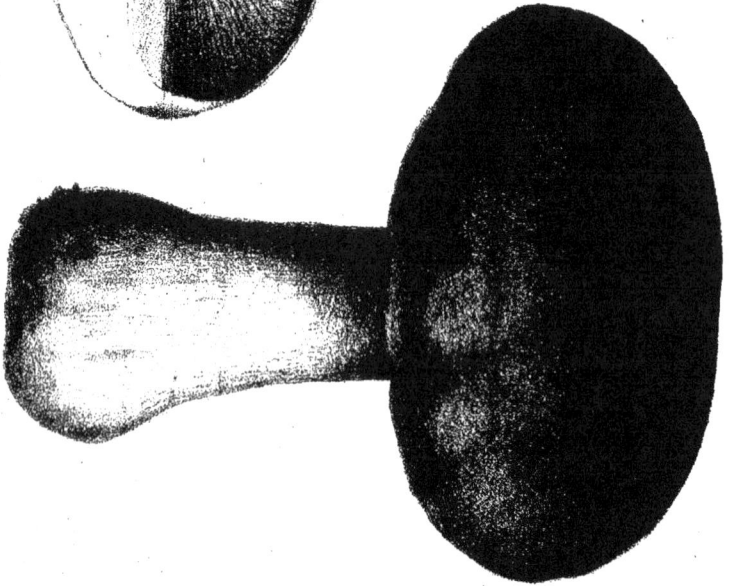

AGARICUS FUMOSUS. Batsch.

AGARIC ENFUMÉ.

Caractères. — Se distingue par la couleur enfumée de son chapeau, par son pédicule épais renflé à la base, gris clair, par ses feuillets assez larges et serrés, de diverses longueurs, remontant un peu sur le pédicule et de couleur claire légèrement lavée de brunâtre. Sporules blanches.

Description. — Le chapeau est d'abord voûté, arrondi, les bords roulés en bas, de couleur noirâtre, puis il s'aplatit et prend une forme plus ou moins régulière et une teinte moins sombre, variant du gris souris au brunâtre. — Souvent une légère proéminence se montre au milieu ; il a de 2 à 4 pouces et plus de diamètre, sa chair est épaisse, blanche, cassante, rappelant celle du bolet comestible, et d'une odeur agréable. — Les feuillets sont assez larges, serrés, de plusieurs longueurs, d'une teinte claire légèrement grisâtre ou brunâtre, mais passant au brun avec l'âge. Ils émettent en abondance des sporules blanches. — Le pédicule est plein, charnu, long de 2 à 3 pouces, renflé dans le bas, de 1 à 1 1/2 pouce de diamètre au milieu, gris cendré ou blanchâtre avec de légères stries longitudinales. La chair du pédicule est aussi ferme que celle du chapeau, surtout chez les jeunes.

Il croît à terre dans les bois de sapins, à la fin de l'été et en automne, et se montre parfois en très grande abondance, surtout dans les années humides.

La chair épaisse et appétissante de ce champignon m'a souvent fait regretter de n'avoir aucun indice sur ses propriétés ; j'ai tout lieu de croire qu'il est comestible, un de mes amis en a mangé sans éprouver d'accidents ; toutefois je n'ose le recommander comme tel, mais je prie les chasseurs de champignons de tenter des expériences propres à décider cette question.

Il est prudent d'ajouter quelques cuillerées de vinaigre à l'eau dans laquelle on cuit les champignons qui inspirent quelques doutes et de jeter cette eau après la cuisson. — On ne doit non plus préparer que les exemplaires frais, jeunes et intacts.

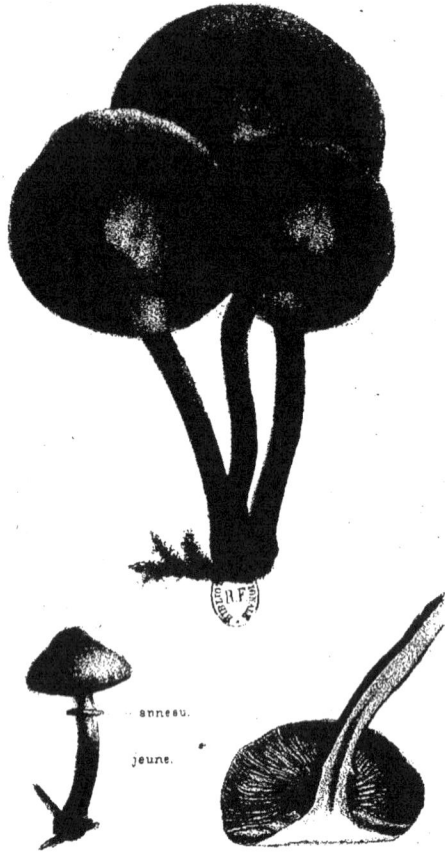

Agaricus mutabilis, Schäff.
Agaric comestible des troncs.

annesu.

jeune.

AGARICUS MUTABILIS. Schæff.

L'AGARIC COMESTIBLE DES TRONCS. — *Der Stockschwamm.*

Caractères. — Chapeau charnu, convexe, puis aplati, nu, mince au bord ; pédicule plein, ensuite creux, raide, un peu écailleux, couleur de rouille dans le bas, puis noir ; lamelles serrées, sortant du pédicule, couleur de cannelle pâle.

Description. — Le pédicule, long de 2 à 2 1/2 pouces et de 2 à 4 lignes d'épaisseur, est égal, courbé dans un sens ou dans l'autre, ferme, brun, blanchâtre vers le haut, couvert d'écailles recourbées en arrière ; intérieur quelquefois creux. La chair en est blanche et un peu coriace ; l'anneau est couleur de rouille. — Le chapeau qui a la chair mince, est sec, voûté, puis plat, rarement écailleux, couleur de rouille tirant au cannelle. Les lames d'abord pâles, puis jaune rougeâtre, sont larges de 2 à 3 lignes, divisées en quatre, les plus longues descendant sur le pédicule.

On le trouve sur les vieux troncs, particulièrement d'arbres à larges feuilles, de mai en novembre.

On pourrait le confondre avec l'*agaricus melleus* qui croît sur les troncs, mais sans danger puisque celui-ci est comestible, de même avec *l'ag. fascicularis* figuré plus loin, et qui est dangereux.

Les auteurs s'accordent à le reconnaître comme comestible. Lenz dit lui-même : « On en mange dans un grand nombre de lieux ; j'en ai moi-même mangé souvent. »

AGARICUS FASCICULARIS Huds.
AG. LATERITIUS Schæff.

Der Bitterschwamm.

Caractères. — Ressemble au premier coup d'œil à l'agaric des troncs, *ag. mutabilis*, mais sa saveur est excessivement amère, et ses feuillets verdàtres se changent à la fin en eau noire.

Description. — Pédicule nu, cylindrique, fistuleux, un peu tortueux, long de 2 à 3 1/2 pouces, jaune avec de petites peluchures noires ; le chapeau est d'abord hémisphérique, puis convexe, puis plane, ou même un peu concave, jaune, souvent plus foncé au centre ; il a peu de chair ; sa superficie est sèche ; il a 1 à 1 1/2 pouce de diamètre, — feuillets gris-verdàtre, inégaux, distincts du pédicule, même dans leur jeunesse. Odeur assez agréable.

Il croît en été et en automne en groupes nombreux sur les vieux troncs de conifères aussi bien que d'arbres à larges feuilles.

Paulet et Pollini le considèrent comme dangereux, Hertwig en a fait manger à des chiens sans accident. — En tout cas sa saveur est si amère que le plat qu'on en préparerait ou qui en contiendrait serait peu goûté. Il faut s'en abstenir et c'est pour cette raison et pour éviter de le confondre avec l'*ag. mutabilis*, et avec l'ag. melleus que je l'ai figuré et décrit.

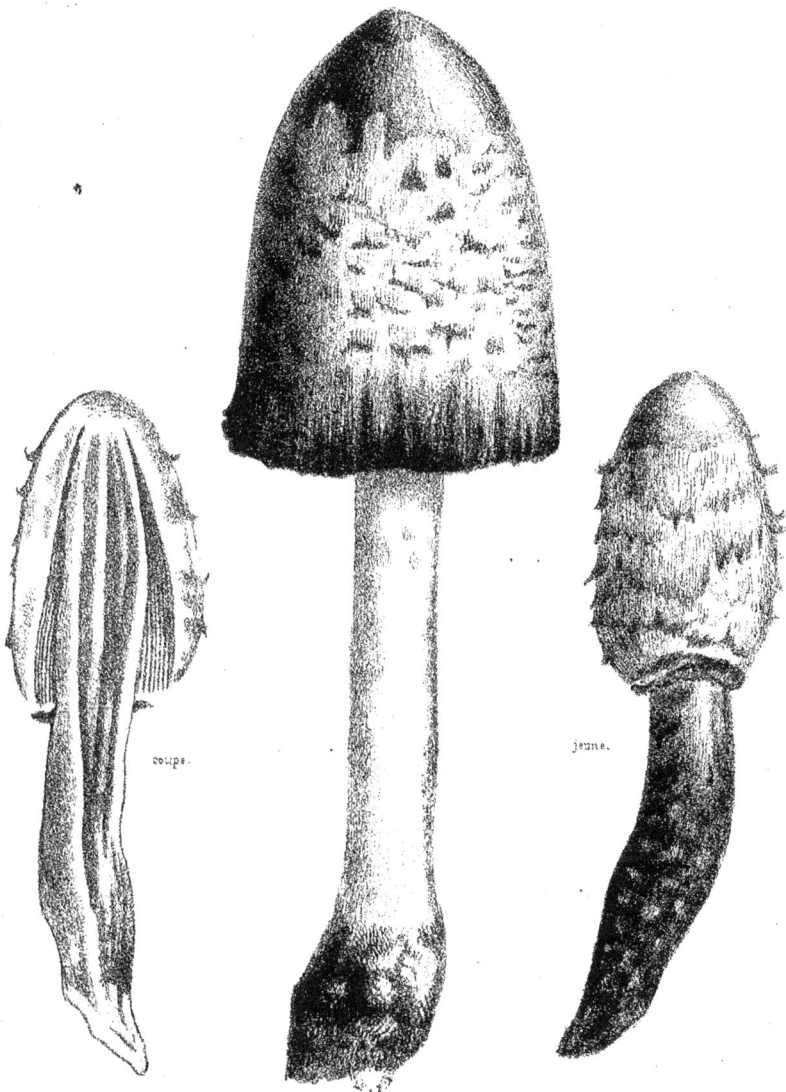

coupe.   jeune.

Coprinus comatus, Fr. Agaric massette. (comestible jeune)

L.ᵉ Favre, del.   Lith. H. Farrer Neuch.   M.ᵉ Favre lith.

COPRINUS COMATUS. Batt.

L'AGARIC MASSETTE. — *Der valzige Schopschwamm.*

Caractères. — Chapeau d'abord en forme d'œuf, puis en cloche reposant sur le pédicule qui est cylindrique. La chair du chapeau est mince et se fond, ainsi que les feuillets en un liquide noir, semblable à de l'encre.

Description. — Le chapeau d'abord d'un blanc sale et de forme ovoïde est couvert d'une sorte de peluche qui n'atteint pas le sommet uni et jaunâtre. A mesure que le bord du chapeau se détache du pédicule, celui-ci s'allonge, prend une teinte plus claire, et atteint 18 — 20 centimètres et plus. Le pédicule, qui s'enfonce assez profondément dans la terre, est d'abord plein, puis creux avec un filet blanc cotonneux au centre; le bas est souvent renflé. — Les feuillets sont nombreux, presque tous entiers, recouverts dans leur jeunesse d'une membrane qui se détache du pédicule et du chapeau. — Le champignon a quelque chose de livide et de repoussant; sa consistance est extrêmement fragile et le chapeau tient à peine sur son pédicule. Malgré cette faiblesse, j'ai vu des mottes de terre, de plus d'un pied carré de surface, soulevées sur les têtes pressées de ces champignons, qui croissaient par milliers dans un jardin ou l'on avait enterré des copeaux de bois.

Il croît à la fin de l'été dans les jardins, les prés humides, près des fumiers.

Lenz affirme qu'on peut manger ce Coprin lorsqu'il est jeune, avant qu'il se fonde en une encre qui peut être employée pour le lavis.

7

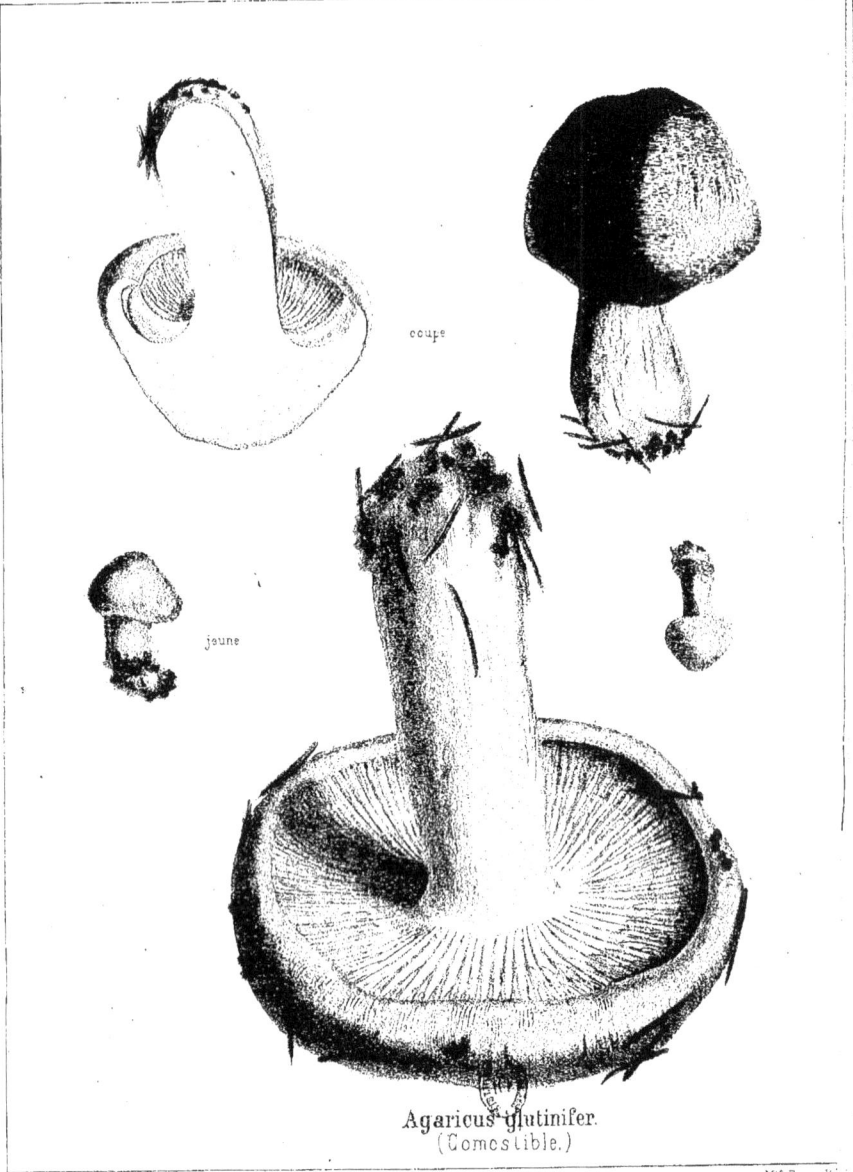

coupe

jeune

Agaricus glutinifer.
(Comestible.)

Lᵉ Favre del.   Lith: H Furrer.   Mᵗᵉ Favre lit

HYGROPHORUS GLUTINIFER. Bull. /H. Pudorinus F./

AGARIC GLUTINEUX.

Caractères. — Chapeau charnu, d'abord arrondi, convexe au sommet, avec les bords enroulés en dessous, puis aplati, de couleur jaune-orangé, humide, visqueux. — Les lamelles sont de trois longueurs, assez serrées, quelquefois descendant un peu sur le pédicule. — Celui-ci est long, cylindrique, charnu, plein, quelquefois renflé au bout, jaunâtre-clair.

Description. — Chez les jeunes, le chapeau a la forme d'une coupole un peu pointue au milieu, avec les bords enroulés en dessous ; avec l'âge le chapeau s'élargit et s'aplatit de manière à ressembler de loin au *Lactaire délicieux* ; la couleur jaune-orangé-rosé pénètre jusque dans la chair à plus d'un centimètre au-dessous de la surface (au milieu) tandis que le reste du tissu est blanc. — Les lamelles jaune-orangé-clair sont de trois longueurs, d'une largeur moyenne, peu serrées, quelquefois ondulées en zig-zag, quand les bords du chapeau sont fortement enroulés en dessous. — Le pédicule est plein, charnu, cylindrique, un peu cannelé, épais de 3/4 à 1 pouce, souvent renflé dans le bas, blanchâtre floconneux près du chapeau, marbré de jaunâtre dans le reste de son étendue. Toute la surface du champignon est enduite d'un liquide visqueux et gluant, qui y fait adhérer la terre et les feuilles des sapins.

Il croit en abondance dans les bois de sapins en automne surtout quand le temps est humide et persiste même en novembre après la gelée sans se décomposer. Les années 1846 et 1868 ont été remarquables sous ce rapport. Cette espèce est souvent plusieurs années sans se montrer.

En 1868 plusieurs chasseurs de la Chaux-de-Fonds, séduits par sa chair blanche et délicate, en ont mangé sans inconvénient à plusieurs reprises, et l'ont trouvé savoureux, moins cependant que le Bolet.

8

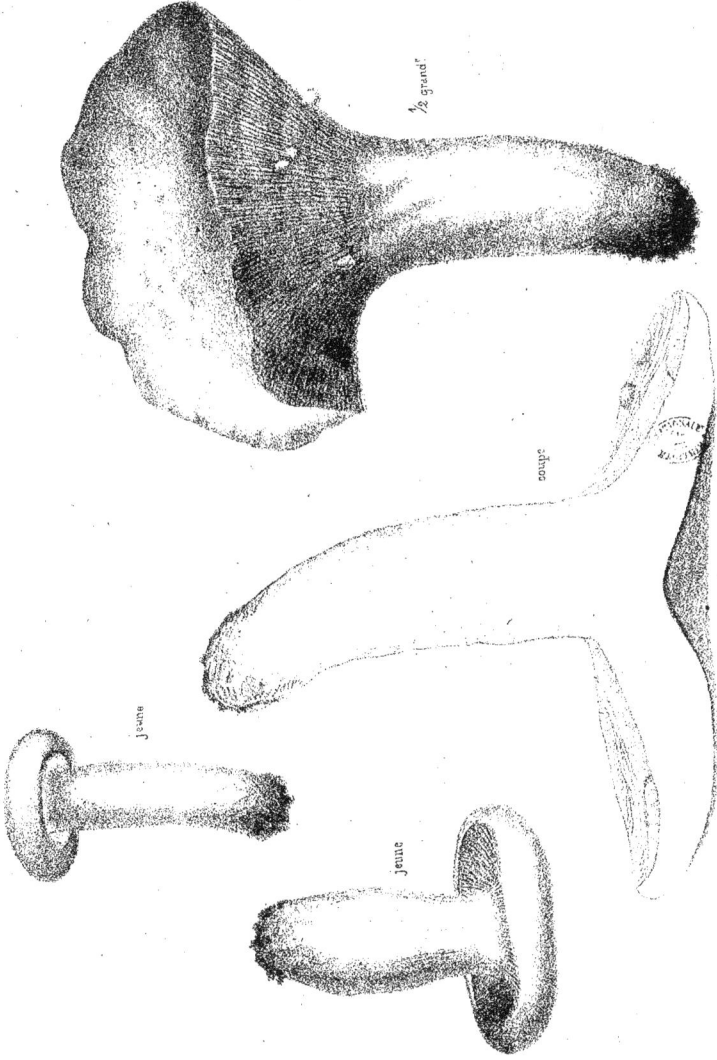

Agaricus piperatus. L. Agaric poivré (douteux)

Chromolith. de H.Furrer. Neuchâtel.

L. Favre del.

M. Favre lith.

AGARICUS PIPERATUS. L. *(Lactarius)*

L'Agaric poivré, vache blanche — *Der Pfefferschwamm.*

Caractères. — Il est blanc, son chapeau est ferme, creusé au milieu, assez régulier, lisse ; — le pédicule est épais, court, blanc, sans anneau — les lamelles descendent sur le pied, serrées, minces, bifurquées, blanches, avec un lait blanc, âcre et abondant.

Description. — Le pédicule long de 2 à 3 pouces, large de 1 à 1 1/2 pouce, d'une consistance ferme, presque coriace, est cylindrique ou un peu plus mince dans le bas, droit ou un peu courbé, rarement uni, blanc comme du lait. — Le chapeau est d'abord voûté, puis il s'aplatit et se creuse au milieu presque en entonnoir, ferme, large de 5 à 7 pouces, blanc tacheté de jaune, poli ou finement ridé. En vieillissant il est souvent fendu en échiquier. Le bord est roulé en dessous chez les jeunes. Les lamelles sont très minces et serrées, ramifiées, blanches ou légèrement jaunâtres. Quand on brise le chapeau, il s'en échappe un lait abondant, blanc, très âcre, qui brûle la langue comme le poivre.

Il faudrait être bien inattentif pour le confondre soit avec les mousserons ou avec l'Agaric comestible. (Ag. campestris) ; le lait qui coule dès qu'on brise un fragment du chapeau suffit pour le distinguer. Cependant j'ai vu souvent, lorsqu'il fait très sec, le lait disparaître entièrement, et la chair devenir sèche, cassante, et analogue à celle du Bolet. Dans ce cas le seul caractère qui subsiste c'est la finesse et la ténuité des lamelles, si serrées les unes contre les autres qu'on aurait peine à y introduire la pointe d'une aiguille.

Commun dans les forêts depuis juillet en octobre.

Lenz affirme que dans l'antiquité cette espèce était considérée comme comestible. Malgré cela et bien que la cuisson lui enlève son âcreté, il ne conseille à personne d'en faire usage ; la chair étant coriace, indigeste et dépourvue de saveur. Krombholz est du même avis.

9

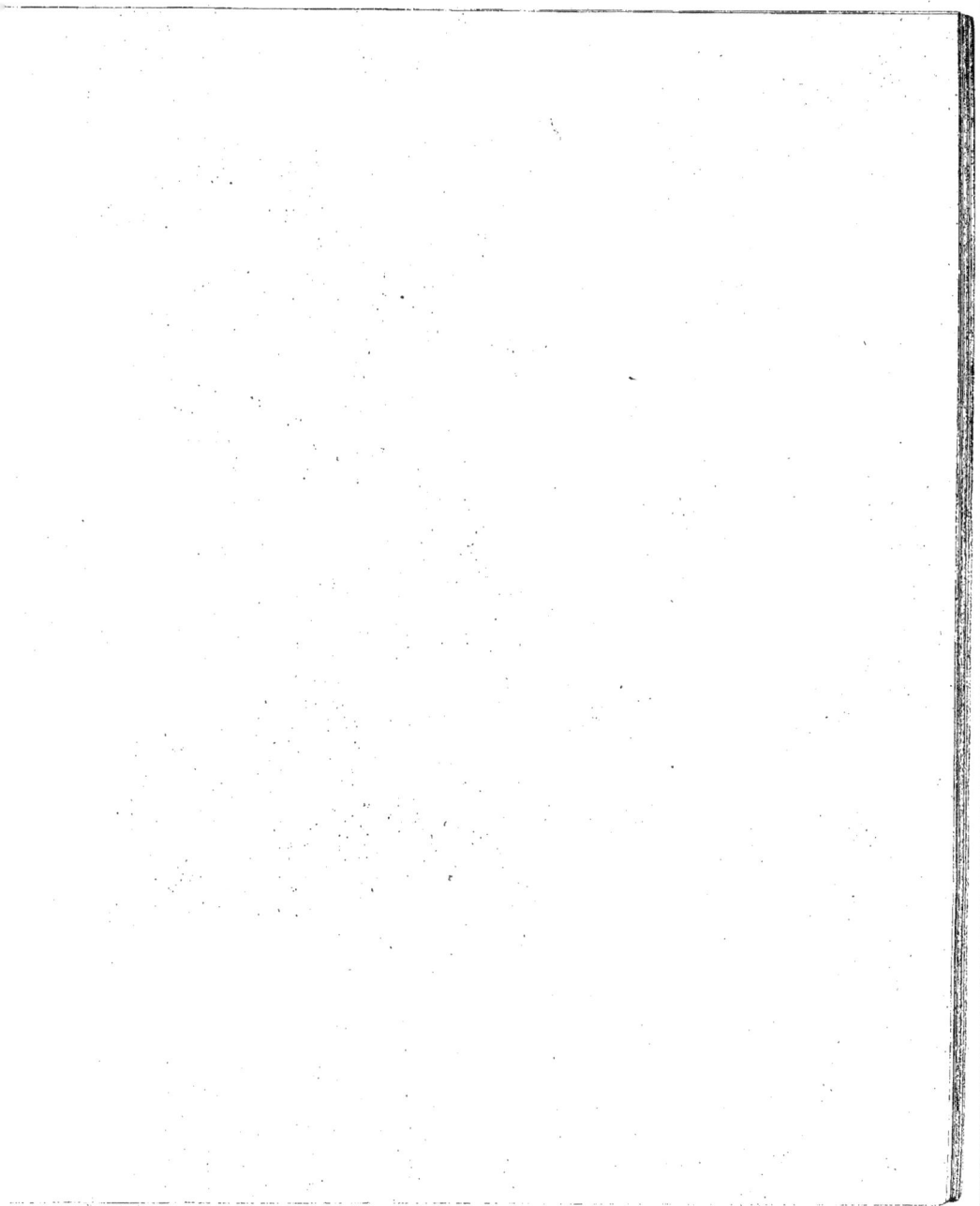

Lactarius deliciosus L.

Lactaire délicieux attaqué par le Sphæria lateritia.

intact

attaqué par
le parasite.

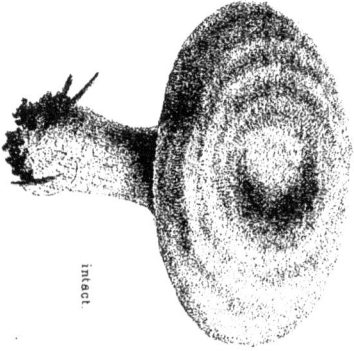

L⁹ Favre del.

Lith. H.Furrer.

M¹¹ᵉ Favre lith.

LACTARIUS DELICIOSUS

attaqué par le SPHÆRIA LATERITIA.

Cette planche a pour but de faire connaître un état anormal de l'*Agaric délicieux*, causé par les ravages d'un champignon parasite très petit nommé *Sphæria lateritia* Au premier abord cette monstruosité semble être un exemplaire déformé du *Craterellus clavatus*, figuré plus loin ; mais en y regardant de plus près on distingue les restes d'un pédicule et d'un chapeau avec ses feuillets ; en outre, l'intérieur de la chair contient encore un peu de ce lait rouge qui caractérise l'ag. délicieux.

On le rencontre çà et là dans les bois. Il n'est pas fréquent mais j'ai pensé que les amateurs d'ag. délicieux seraient curieux de reconnaître leur champignon favori dans ce débris informe qui semble appartenir à une espèce très différente.

10

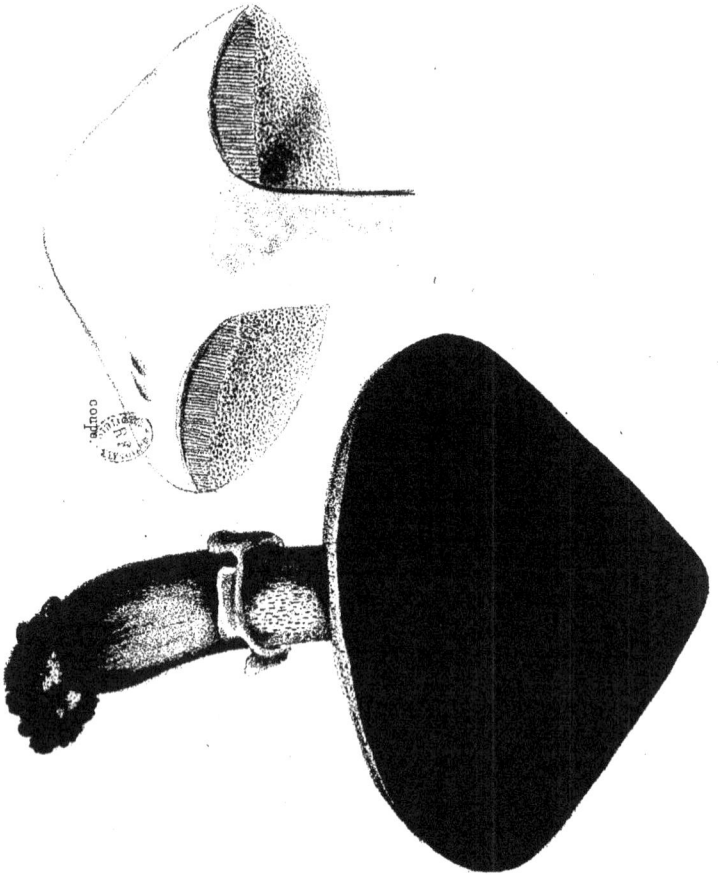

Boletus luteus. L.

Bolet annulaire (comestible)

L?Favre del.

Lith.H.Furrer,Neuchâtel.

M!e Favre lith.

BOLETUS LUTEUS. Lin.

LE BOLET ANNULAIRE. — *Der Ringpilz. Butterpilz.*

Caractères. — Chapeau en forme de coussin, un peu pointu au milieu, couvert d'un mucilage brun, gluant; pédicule cylindrique, ferme, blanchâtre, mais jaunâtre au-dessus de l'anneau membraneux, et couvert de points bruns faisant saillie; tubes unis, petits, jaunes.

Description. — Le pédicule droit, égal, a environ 2 pouces de longueur et 1/2 à 3/4 de pouce d'épaisseur; blanc-jaunâtre, marqué de points bruns, qui au-dessous de l'anneau s'unissent et donnent une couleur brunâtre au pédicule. — L'anneau, d'abord relevé, puis pendant, est membraneux, blanchâtre, jaune ou brun. — Le chapeau qui est d'abord voûté et brun rougeâtre, devient plat et par un temps sec jaune de cire. Il est couvert d'une épaisse couche de mucilage brunâtre par un temps humide. — Tubes ronds, de longueur médiocre, unis, d'un jaune devenant plus foncé lorsqu'on ouvre le champignon. — La chair assez ferme et juteuse est jaune pâle et sans odeur.

Il croît en société dans les forêts mélangées de conifères et d'arbres à larges feuilles, et sur les lisières et les prairies ombragées. Automne.

Suivant Krombholz, les paysans pauvres de la Bohême, l'utilisent dans la préparation d'une soupe savoureuse et fortifiante. Même à Prague, dans une année on en vend et on en consomme des millions. On le prépare comme le *Bolet comestible,* seulement il est bon d'en enlever la peau.

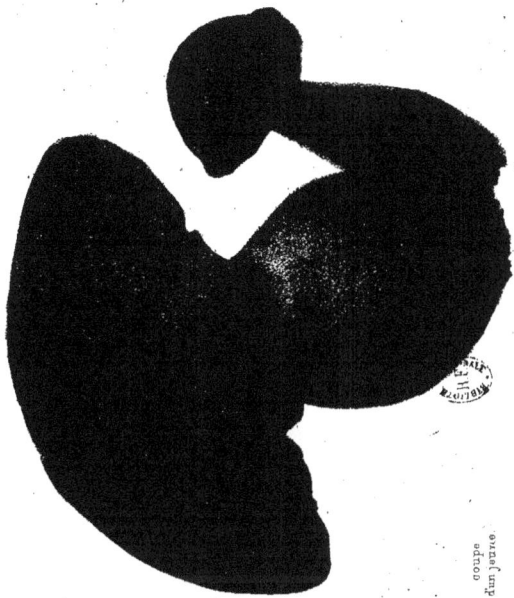

coupe
d'un jeune

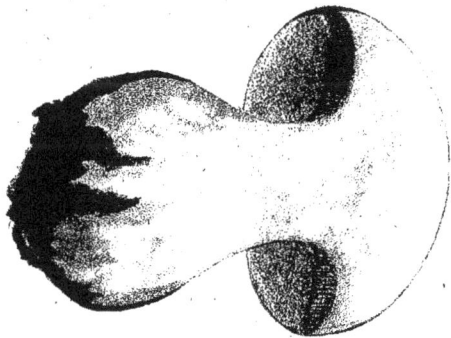

Boletus luridus, Schäff.
Bolet - Oignon de loup (douteux)

Chromolith de R. Furrer, Neuchâtel.

M!e Favre lith.

L.ᵈ Vavre del.

BOLETUS LURIDUS. Schæff.

OIGNON DE LOUP. — *Der Hexenpilz. Scharlachrother Kuhpilz.*

Schusterpilz. Judenschwamm.

Caractères. — Chapeau en forme de coussin ; olivâtre-brunâtre, plus tard un peu gluant, et couleur de suie, la surface semblable à du feutre. — Pédicule ferme, brun-jaune-rougeâtre, réticulé ou marqué de points plus foncés. — Les tubes libres, jaunes, plus tard, verdâtres, avec les ouvertures couleur orange-rougeâtre sombre.

Description. — Le pédicule d'abord presque en boule, ou cylindrique a environ 3 à 4 pouces de longueur, 1 à 2 pouces d'épaisseur, plein, jaune ou orange dans le haut ; plus bas revêtu d'une sorte de filet rouge foncé. — Le chapeau est brun-olivâtre ; quand il est jeune le bord est tranchant. — Les tubes qui ont 1/2 à 3/4 de pouce de hauteur, sont jaunes, mais deviennent verts quand on les comprime ; l'ouverture extérieure orangée ou rougeâtre foncé. — La chair du chapeau, d'abord jaunâtre devient bleue au contact de l'air lorsqu'on le coupe ou qu'on le brise. Les spores sont couleur de rouille.

Il croit dans les prairies ombragées et il est fréquent dans les forêts depuis le mois de Juin en Octobre.

On peut le confondre avec le *Bol. calopus* et principalement avec le *Bol. satanas* avec lesquels il a quelque ressemblance.

Les auteurs ne sont pas d'accord sur ses propriétés ; les uns le tiennent pour inoffensif et affirment qu'on le porte au marché de Vienne sous le nom de *Schuster*. Trattinik le considère comme un poison ; il a vu souvent l'usage de cette espèce comme aliment, suivi d'accidents fâcheux. — Roques a eu souvent à soigner des empoisonnements par ce champignon. — Krombholz dit qu'on l'apporte au marché de Prague sous le nom de *Kovar* et qu'on peut le manger sans danger pourvu qu'on ait la précaution de jeter l'eau où on l'a fait cuire. En tout cas il ne doit pas être employé comme aliment à cause de sa ressemblance avec le *Bol. satanas.* qui est un poison.

12

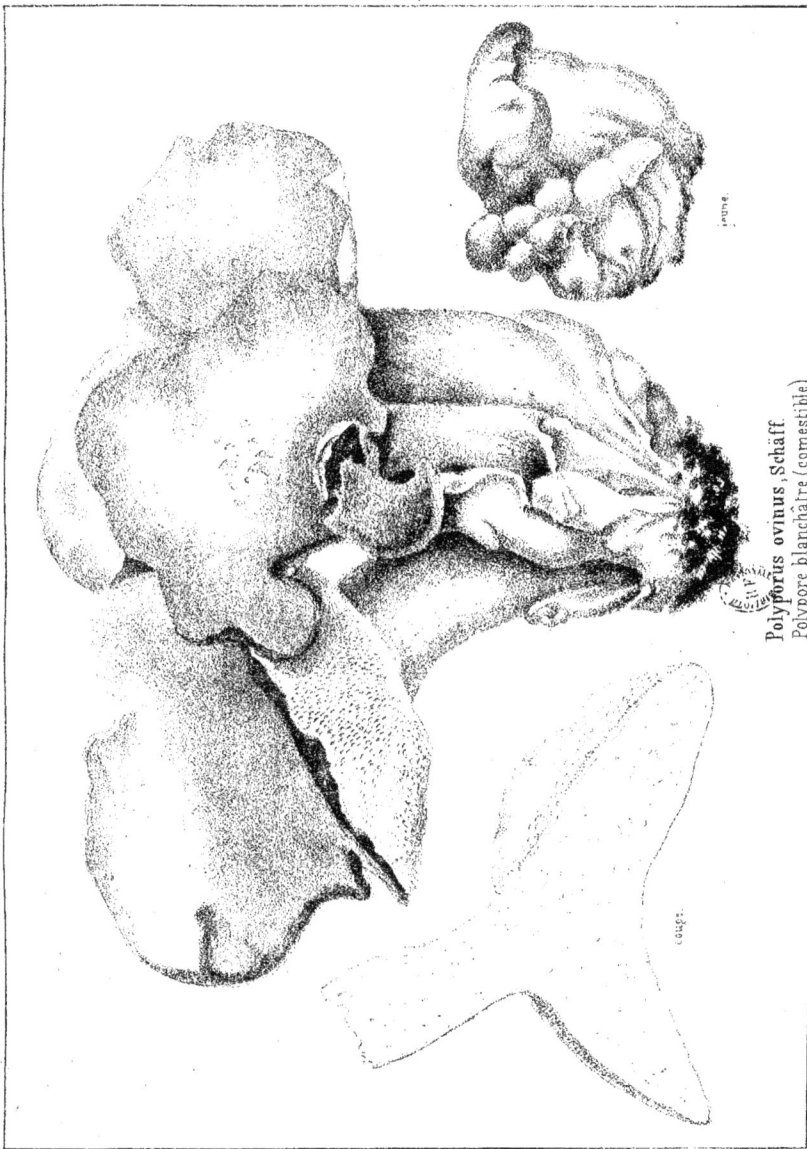

Polyporus ovinus, Schäff.
Polypore blanchâtre (comestible)

L. Favre del.

Lith H. Furrer

M.te Favre lith.

POLYPORUS OVINUS. Fries.

LE POLYPORE BLANCHATRE. *Das Schafeuter.*

Caractères. — Chapeau charnu, fragile, informe, bientôt gercé, écailleux, blanchâtre puis jaunâtre. — Pédicule court, blanc, inégalement épais ; pores petits, ronds, égaux, jaune-citron clair.

Description. — Ce champignon qui croît souvent en touffes, mais plus souvent en compagnie de quelques individus de même espèce, a un pédicule blanc, long de 1 à 2 pouces, épais de 1 à 1 1/2 pouce, quelquefois tuberculeux, quelquefois excentrique par rapport au chapeau, rarement droit ou cylindrique, mais plus épais vers le haut qu'à la base — chapeau assez plat, souvent creusé irrégulièrement, quelquefois partagé, lobé ; sa surface supérieure est nue, sèche, gercée, le bord échancré, contourné ; la couleur est blanchâtre, gris-cendré ou jaunâtre. Quand il est vieux, il est souvent couvert d'écailles épaisses formées par le déchirement de l'épiderme. — Les pores très petits, d'un blanc-jaunâtre clair descendent un peu sur le pédicule. — La chair est blanche, ferme et cassante.

Il croît en automne dans les bois de sapins des montagnes, depuis la base jusqu'aux sommités du Jura.

Usage. — Il a une saveur agréable, on le mange généralement dans plusieurs contrées de l'Allemagne. Toutefois je puis affirmer par mon expérience qu'il n'est pas aussi délicat que le Bolet.

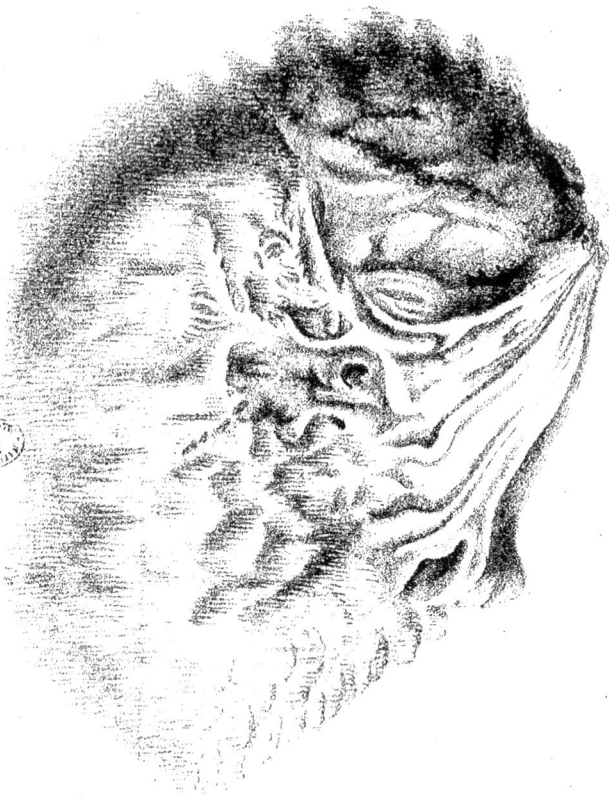

HYDNUM CORALLOIDES. Scop.-Schæff.

L'HYDNE CORAIL. — *Der Korallenschwamm.*

Caractères. — Croît contre les vieux troncs et ressemble à une masse de corail dont les pointes seraient dirigées en bas.

Description. — Cette espèce, la plus grande du genre Hydne, est sessile, d'abord d'un blanc pur, puis jaunâtre ; sa base qui est charnue et tendre, émet un nombre considérable de rameaux, dont la surface inférieure est hérissée de pointes, et dont les dernières subdivisions rapprochées en touffe, portent chacune à leur sommet une houppe de longues pointes pendantes disposées par étages. — Il ressemble dès sa jeunesse à une tête de chou-fleur.

Il croît à la fin de l'été sur de vieilles souches mortes ou sur des arbres âgés.

Il est comestible comme la plupart des autres Hydnes de notre pays.

14

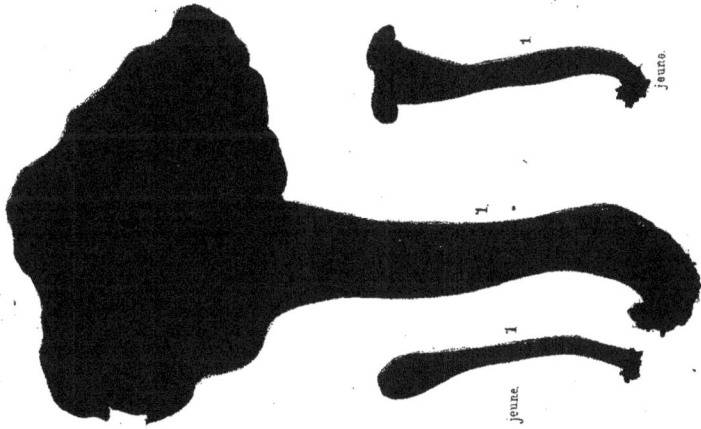

1. **Craterellus cornucopioides, Fries.** Cratérelle corne d'abondance (douteux.)   2. **Craterellus clavatus , Fries** (comestible.)

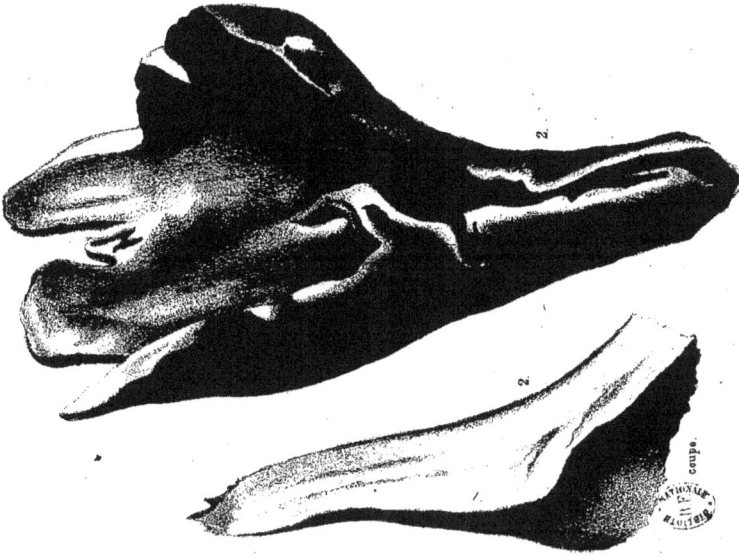

L.ᵉ Favre del.   Chromolith. de H. Furrer, Neuchâtel.   Mᵉˡˡ Favre lith.

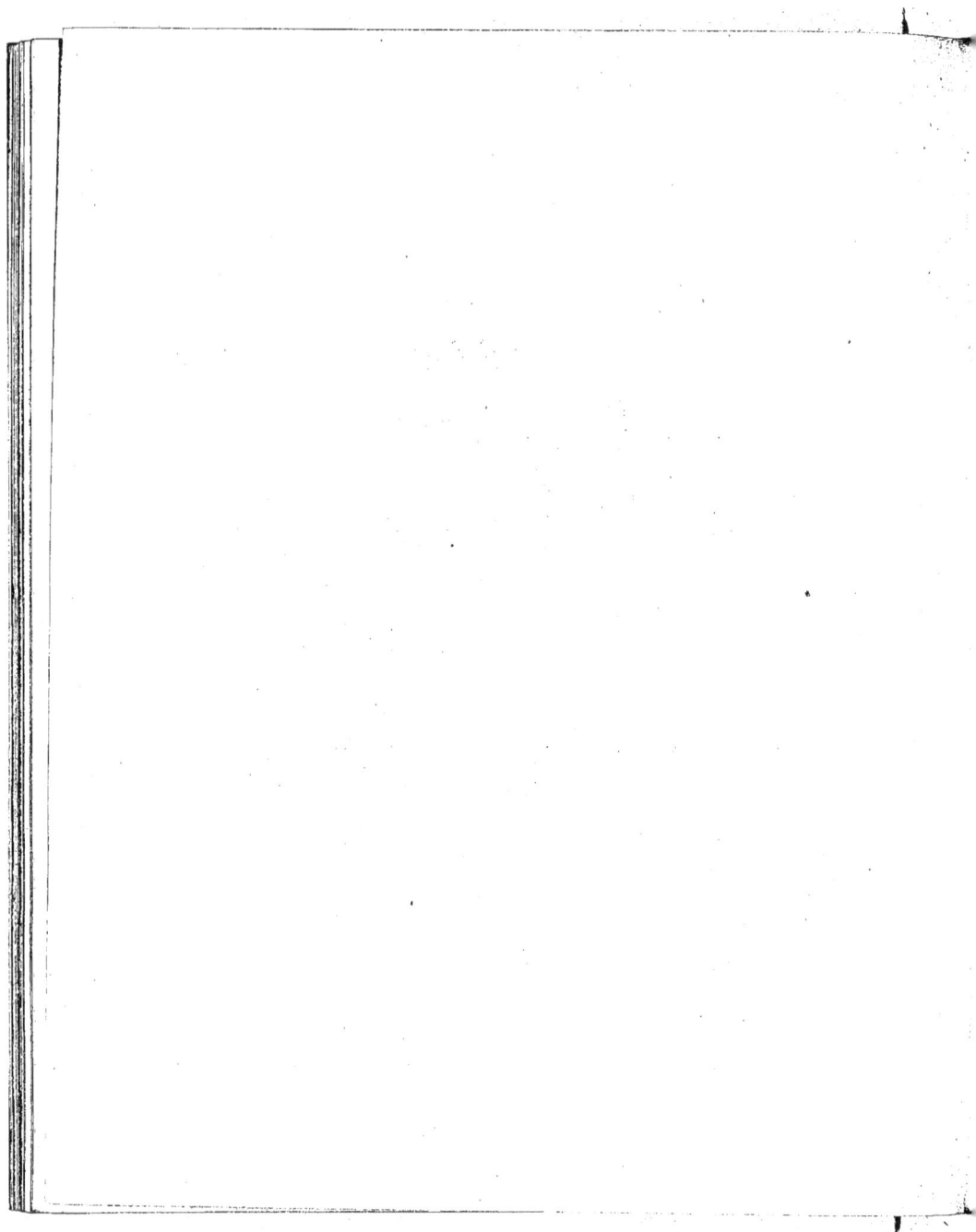

CRATERELLUS CLAVATUS. Fries.

Caractères. — La forme est celle d'un cornet incomplètement enroulé, ou déchiré en long sur un côté ; la surface intérieure est lisse, mais l'extérieure est couverte de veines anastomosées ou ramifiées dans la direction longitudinale. Couleur de chair tirant sur le violet.

Description. — Ce champignon semble être un lambeau triangulaire de chair fongueuse grossièrement roulé en cornet, et planté en terre la pointe en bas. L'extérieur est sillonné de veines rappelant celles des chanterelles. La chair est ferme, épaisse de 2 à 4 lignes, blanchâtre et d'une odeur agréable. — Tout le champignon est couleur de chair tirant au jaunâtre en dedans et au violet en dehors. Sporules blanches.

Croît en assez grand nombre à la fin de l'été dans certaines forêts de sapins ; quelquefois plusieurs individus sont soudés ensemble par la base. — Comestible.

CRATERELLUS CORNUCOPIOIDES Fries.

CRATERELLE CORNE D'ABONDANCE. — *Die Todtentrompete.*

Caractères. — Si jamais champignon a revêtu la forme d'un entonnoir, d'une trompette ou d'un cornet, c'est celui-ci. Un pédicule creux d'un noir bleuâtre sortant de terre, terminé par un pavillon d'un brun plus ou moins noir, telle est la forme de cette jolie espèce.

Description. — Sa forme est si simple qu'elle est décrite dans les lignes qui précèdent. Sa consistance est coriace, membraneuse ; sa couleur plus ou moins rembrunie ; surface supérieure de l'entonnoir, peluchée ou égratignée ; ses bords sinueux, lobés, un peu étalés ; surface inférieure marquée de veines anastomosées, pâles, un peu saillantes ; elle donne une poussière noire formée par les semences. Le pédicule est creux jusqu'à la base.

Il croît çà et là dans les bois de sapins, dans les montagnes comme dans la plaine, à la fin de l'été et au commencement de l'automne. Il est solitaire ou en groupes.

Krombholz et Marquart tiennent ce champignon pour comestible, mais Pollini le croit dangereux. Je l'ai figuré surtout pour la singularité de la forme.

15

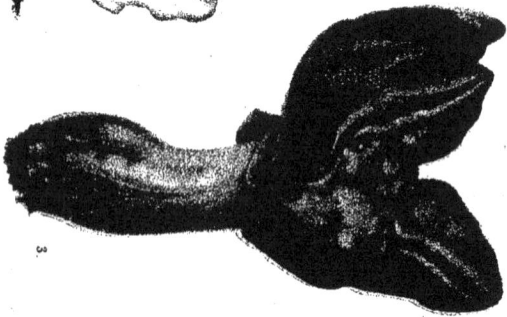

1. **Guepinia helvelloides.**
(comestible.)

2. **Spathularia flavida.**
Spathulaire jaune (comestible.)

3. **Helvella infula, Schäff.**
Helvelle noire brune (comestible.)

GUEPINIA HELVELLOIDES.

Caractères. — La forme de ce singulier champignon est celle d'une oreille de veau, mais sa couleur est d'un rose brun plus ou moins rougeâtre, légèrement glacé de blanc. La substance est gélatineuse, tremblotante mais assez élastique.

Description. — Pendant l'été et l'automne, dans les bois humides ou exposés au nord, au bord des ravins ombreux, on trouve dans l'herbe ou dans la mousse ces corps triangulaires semblables à une oreille de veau, mesurant de 2 à 3 pouces de hauteur, 1 à 1 1/2 pouce de largeur dans le haut, enroulés plus ou moins, et soudés deux ou trois ensemble. La couleur est rouge brun tirant au rose, le pied est blanc-jaunâtre ; la surface est couverte d'une fine poussière glauque, blanchâtre, semblable au fard des pruneaux, probablement fournie par les sporules. — La chair, épaisse de 1 à 2 lignes, est gélatineuse, à demi-transparente, sans être fragile.

Août, septembre et commencement d'octobre, par groupes dans les forêts, sur terre, dans l'herbe ou la mousse.

Plusieurs personnes dignes de confiance m'ont écrit qu'elles mangent ce champignon sans aucun inconvénient. Après l'avoir fait macérer pendant 20 minutes dans du vinaigre, sans le cuire préalablement, on en prépare une vinaigrette appétissante et savoureuse.

SPATHULARIA FLAVIDA. Pers.

SPATHULAIRE JAUNE.

Caractères. — Elle se présente sous la forme d'une feuille ovale, jaune de soufre, se terminant dans le bas en un support blanchâtre.

Description. — Ce joli petit champignon de 1-2 pouces de hauteur, croît sur terre ou dans la mousse dès le milieu de l'été. Le pédicule blanchâtre porte une sorte de feuille jaune vif, ondulée, arrondie vers le haut, épaisse de 1-2 lignes, et portant les semences qui s'en échappent par jets. On en trouve souvent plusieurs ensemble.

Lenz dit qu'on les apporte au marché à Brünn et à Olmütz.

16

jeune.

coupe
de la jeune

Clavaria pistillaris , L.
La clavaire en pilon (comestible.)

L.ᵉ Fevre del.   Lith. H. Furrer.   M.ᵗᵉ Fevre lith.

CLAVARIA PISTILLARIS. L.

Caractères. — Sa forme est celle d'une petite massue jaune abricot renflée vers le haut et rétrécie en bas où la teinte devient blanchâtre. Quelquefois plusieurs sont soudées ensemble.

Description. — Cette espèce diffère des clavaires, connues généralement sous le nom de *chevrettes,* en ce qu'elle ne se ramifie pas comme le corail ou le chou-fleur. Elle est simple et ressemble à une massue de 3 à 8 pouces de longueur ; l'intérieur n'est pas creux, mais rempli d'un tissu blanc léger, spongieux-cotonneux. La couleur est jaune ou brun-rougeâtre. Quelquefois la partie supérieure est tronquée et coupée carrément, elle se termine alors par une surface circulaire, d'abord plane, puis un peu déprimée au milieu. Cette forme a reçu du botaniste suédois Fries le nom de *Craterellus pistillaris.*

Ce joli champignon croît çà et là dans les bois en automne. D'après Marquart on peut le manger sans crainte, mais je doute que la chair en soit agréable.

17

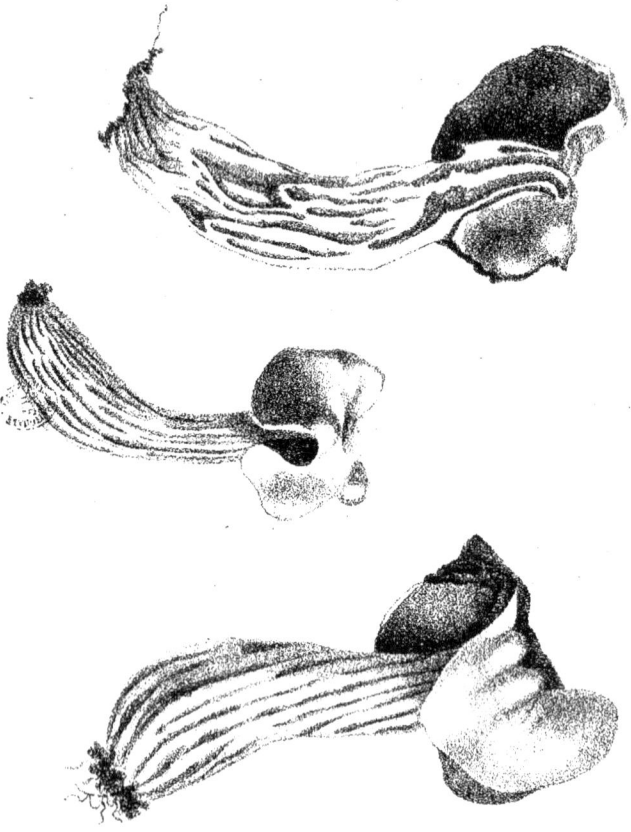

Lt Favre del.

Lith. H Furer

Me Favre lith

Helvella crispa, Fries.
Helvelle crispée (comestible)

HELVELLA CRISPA. Fr.

Caractères. — Chapeau mince, sans feuillets, retombant en lobes irrégulièrement contournés, pédicule creux. La couleur est blanchâtre.

Description. — Le pédicule long de 3 à 4 pouces, large de 1/2 à 3/4 de pouce est arrondi, blanchâtre ou couleur de chair, rarement gris. Il est tendre, flasque, fragile comme la cire, à demi transparent, jamais complétement droit, mais plus ou moins contourné avec des côtes et des sillons, qui s'étendent dans une direction longitudinale. Vers le milieu le pédicule est plus large qu'à sa base et à sa partie supérieure. — Le chapeau est membraneux, mince, divisé en 3 ou 4 lobes, qui retombent sans régularité, et sont crispés de diverses manières. L'hymenium (¹) recouvre la partie supérieure du chapeau ; la couleur est toujours pâle, jaunâtre ou rosée.

Cette Helvelle croit en automne çà et là dans nos bois lorsque le temps est humide. On la prépare comme les morilles, mais elle a moins de saveur.

(1) La membrane qui porte les spores.

HELVELLA INFULA. Schæff.

HELVELLE MITRE BRUNE. — *Die Bischofsmütze.*

Caractères. — Chapeau replié en bas, fendu en lobes soudés les uns aux autres. — Pédicule assez uni, velu, pâle.

Description. — Le pédicule long de $1^1/_2$ — 3 pouces, épais de $^1/_2$ — 2 pouces, cylindrique ou un peu comprimé, uni ou marqué de un ou de trois sillons, rougeâtre ou brun-pâle, porte un chapeau très irrégulier, membraneux, en forme de bonnet, *soudé au bord avec le pédicule* et de couleur cannelle-foncé, ou brune. Ce chapeau prend les formes les plus étranges, tantôt celle d'une tête d'animal avec de grandes oreilles dressées, tantôt celle d'un tricorne; il est large de 2 — 8 pouces et ordinairement divisé en 3 lobes.

Cette helvelle croit dans les bois de sapins, sur les troncs pourris ou sur la terre grasse des forêts. Il arrive parfois qu'après avoir été pendant quelques années fort abondante dans une localité, elle disparaisse tout à coup sans qu'on puisse en deviner la cause.

Elle est comestible, ainsi que les autres espèces qui croissent chez nous. On la prépare comme les morilles, fraîche ou séchée.

19

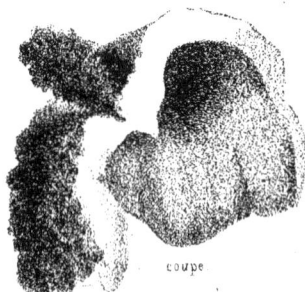

coupe

jeunes

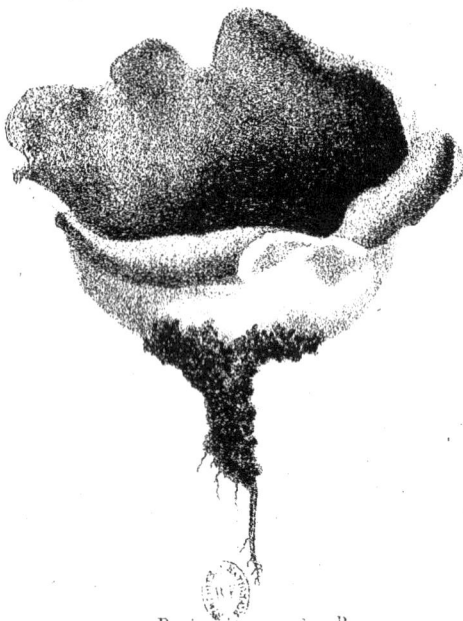

Péziza repanda Pers.
Pézize commune. (c mestible.)

PEZIZA REPANDA. Pers.

PÉZIZE COMMUNE.

Caractères. — D'abord globuleuse plus ou moins régulière, elle s'ouvre plus tard pour prendre la forme d'une soucoupe, blanchâtre en dehors, violacée en dedans. La consistance de la chair tient de celle de la cire.

Description. Cette espèce de Pézize croît sur la terre marneuse au mois de mai, et se montre d'abord sous la forme de petites boules semblables à des noisettes ou à des noix et de couleur livide ou grisâtre, légèrement rosée. Plus tard, ces boules s'agrandissent, se fendent et s'ouvrent en soucoupe; l'extérieur reste blanchâtre, ou légèrement bleuâtre ou marqué de jaunâtre par la terre qui s'y colle; l'intérieur est d'un gris violet (ou lie de vin rouge) assez marqué. Quelquefois la soucoupe tient au sol par une sorte de pédicule ou de racine fibreuse. La chair est blanche, fragile comme la cire, épaisse de 2-3 lignes, plus mince au bord ordinairement déchiré et irrégulièrement contourné.

Dans certaines années humides on la trouve par centaines, quelquefois serrées l'une contre l'autre, comme un amas de pommes de terre cuites à l'étuvée, dont les unes seraient ouvertes, les autres entières. Jolimont, Chanélaz, Vaudijon près de Colombier, mai.

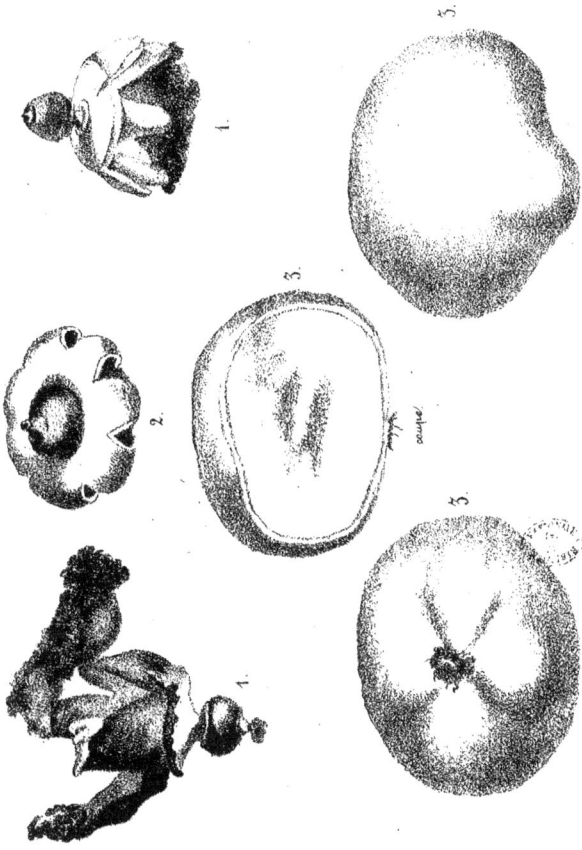

1 Geastrum fornicatum. Fr.   2 Geastrum tunicatum. Fr
3.Bovista nigrescens, Pers. lycoperdon noirâtre (comestible jeune)

L.P.Faure, del.

R.— Faure, lith.

BOVISTA NIGRESCENS. (Persoon.)

LYCOPERDON OU VESSELOUP NOIRATRE. — *Kugelbovist.*

Caractères. — Globuleux, charnu, d'abord blanc au dedans et au dehors, avec une double enveloppe ou péridium, qui se fend plus tard en plusieurs pièces; puis l'intérieur devient noir. Il contient des sporules arrondies, terminées par une queue, avec des filaments entrelacés.

Description. — Il apparaît comme un corps globuleux, blanc, un peu déprimé, de la grosseur d'une noix, ou plus, que l'on prendrait pour un œuf caché dans l'herbe. Le dessus est poli, le dessous un peu plissé et assujetti au sol par une petite racine. Il n'est pas couvert d'écailles ou de verrues; quand on le presse son enveloppe extérieure épaisse d'une $\frac{1}{2}$ ligne, se fend et se détache en lambeaux. L'enveloppe intérieure est d'abord blanche, puis olivâtre, puis d'un noir brunâtre; elle est plus mince que l'autre, et à l'état sec, a un peu la consistance du papier. La chair est d'abord blanche, puis gris-jaune, puis noire. Avant la maturité il a une odeur faible et agréable.

Il croît en été et en automne dans les prés et dans les pâturages.

Usage. Il est comestible comme le *Lycoperdon caelatum (Lycoperdon ciselé* ou *à facettes)* aussi longtemps que sa chair est blanche et donne un aliment délicat et savoureux lorsqu'il est apprêté convenablement. On le prépare après l'avoir lavé et coupé en morceaux sans rien jeter. On peut aussi le sécher, suspendu à des fils pour le conserver; on l'emploie alors comme les morilles dans les pâtés et comme assaisonnement dans les ragoûts.

GEASTRUM TUNICATUM. Fries.

GEASTRUM FORNICATUM. Fries.

Les Geastres, voisins des Lycoperdons, sont globuleux à leur naissance; bientôt l'enveloppe externe s'ouvre à son sommet, se fend en plusieurs rayons (4-10) s'étale, s'enroule en dessus, soulève le sac des semences (peridium), et lui forme une espèce de piédestal en voûte. Le sac s'ouvre à son sommet par un petit trou d'où les spores s'échappent comme une fumée brune, lorsqu'on presse légèrement. Ces champignons ont ainsi la forme d'une étoile et ils croissent sur la terre dans nos bois où ils sont assez fréquents. Leur couleur est jaune-rougeâtre pâle. Ils ne sont d'aucun usage.

Le *Geastrum tunicatum* se fend en 7 ou 8 rayons.

Le *Geastrum fornicatum* en 4 ou 5 rayons qui reposent comme des colonnes sur les membranes du peridium externe.

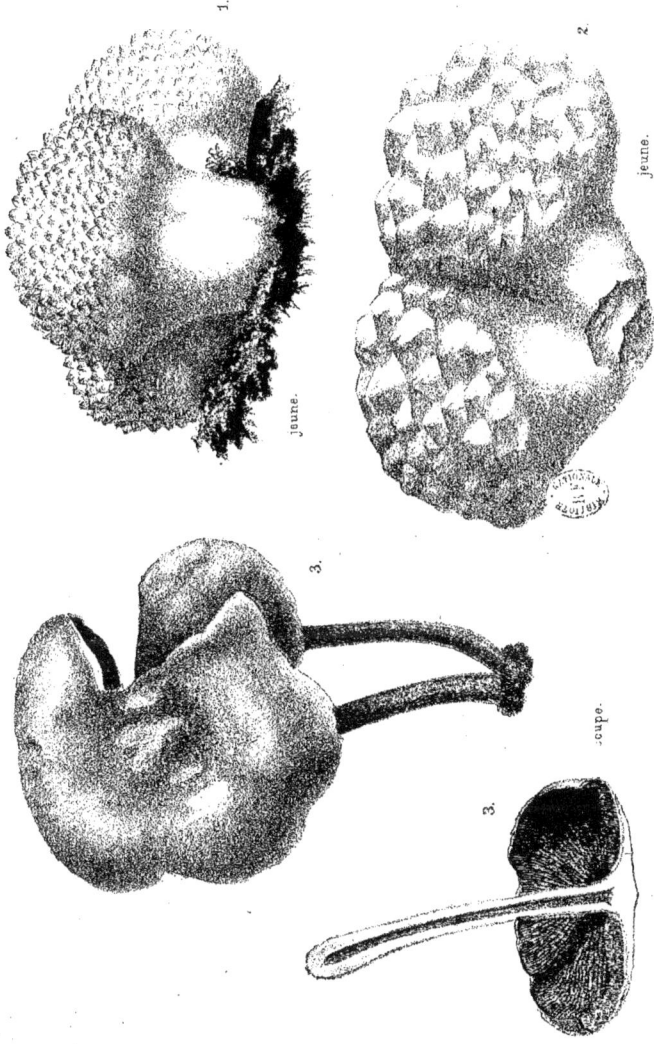

jeune.

jeune.

scupe.

1. **Lycoperdon echinatum Pers.** Lycoperdon protée (comestible, jeune)
2. **Lycoperdon caelatum, Bull.** Lycoperdon ciselé (comestible, jeune)
3. **Agaricus fascicularis, Huds.** (dangereux)

Chromolith. de H Furrer, Neuchâtel.

L.² Favre del.

M.¹¹ Favre lith.

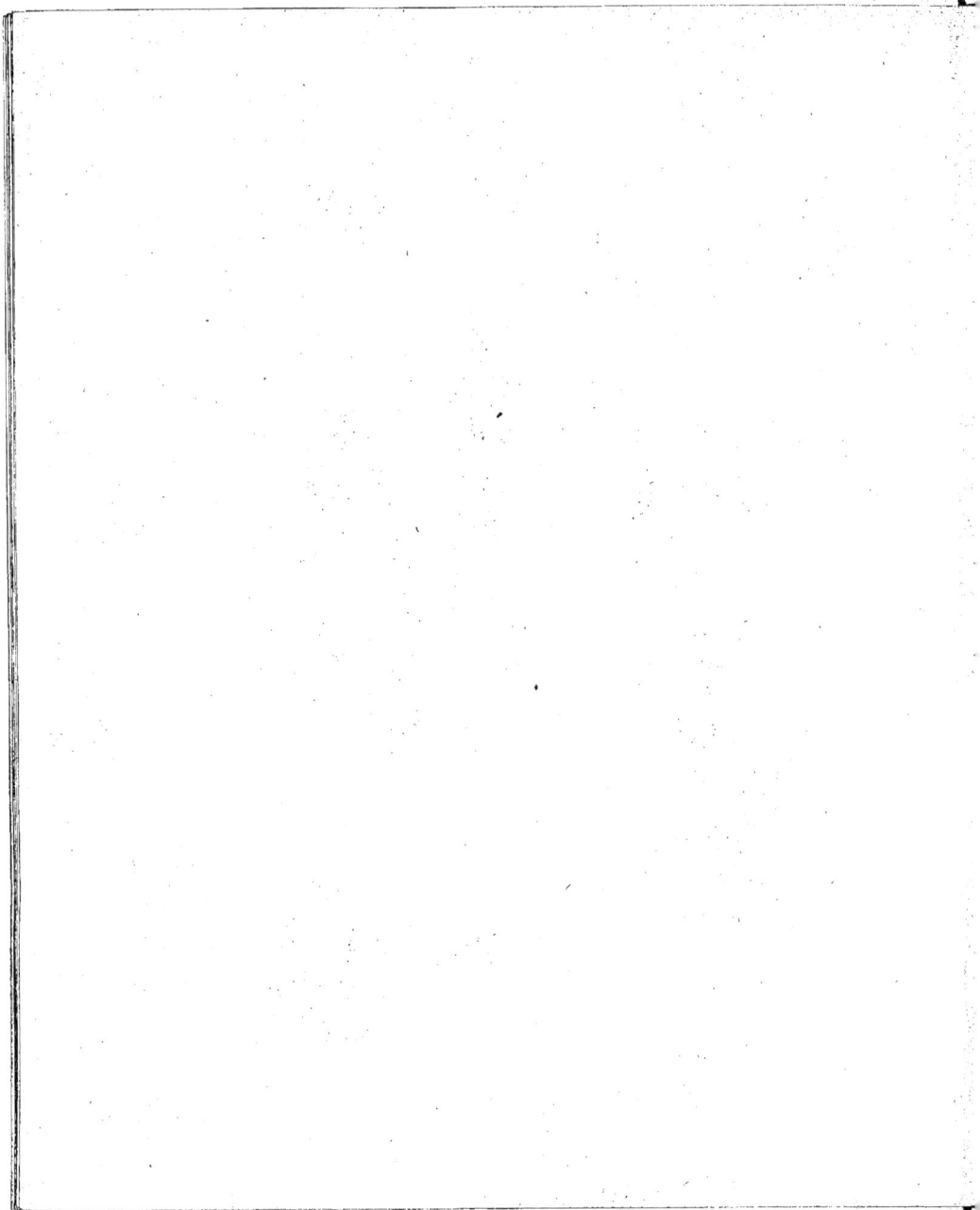

LYCOPERDON CAELATUM. Bull.

LE LYCOPERDON CISELÉ. — *Der Hasenstäublich.*

Caractères. — La partie supérieure se déchire lorsqu'il vieillit, et la partie inférieure qui subsiste a la forme d'une soucoupe. Les spores sont couleur de suie.

Description. — Sa forme rappelle celle des poires ; il atteint les dimensions des deux poings. La membrane mince et blanche qui l'enveloppe se fend avec l'âge ; la surface semble couverte de facettes et prend une teinte grise ou jaunâtre. — La chair des jeunes est blanche mais quand les semences sont formées, elle devient jaune ou brune et se change en une sorte de bouillie qui passe bientôt à l'état de poussière noirâtre. Lorsque la partie supérieure s'est séparée et a disparu, la base, qui forme une sorte de pédicule aplati, et dont la substance est très légère, peut être utilisée comme amadou.

Il croît dans les pâturages, et surtout dans le voisinage des étables et des chalets.

Aussi longtemps que la chair est parfaitement blanche, elle n'est pas seulement comestible, mais elle donne un aliment sain et savoureux. On la coupe par tranches sans rien jeter et on la prépare avec du beurre et des oignons, ou autrement. On la sèche aussi pour l'hiver et on l'emploie alors comme les morilles dans les pâtés et les ragoûts. Par la dessiccation elle prend un agréable parfum de morille.

LYCOPERDON GEMMATUM. Batsch.

VARIÉTÉ ECHINATUM. *Pers.*

Ce Lycoperdon (vessecloup) a une forme d'abord arrondie, puis allongée en poire ; la surface est couverte de papilles plus ou moins longues qui lui donnent un aspect particulier. Les jeunes sont d'un blanc légèrement jaunâtre ; leur chair est alors blanche, cassante et comestible. Mais plus tard l'intérieur devient brun et se change en poussière, ce sont les spores. Dans cet état, ce champignon ne peut plus être mangé. Il croît sur terre dans les pâturages à la lisière des bois.

On trouve aussi chez nous dans certaines prairies le *Lycoperdon giganteum,* Batsch ou *Vesseloup géante* qui a les dimensions de la tête d'un homme, pèse jusqu'à 6 et 8 livres, et peut être mangée tant que la chair est blanche. Septembre. Au pied de la montagne de Boudry ; à la Lance près de Concise, etc :

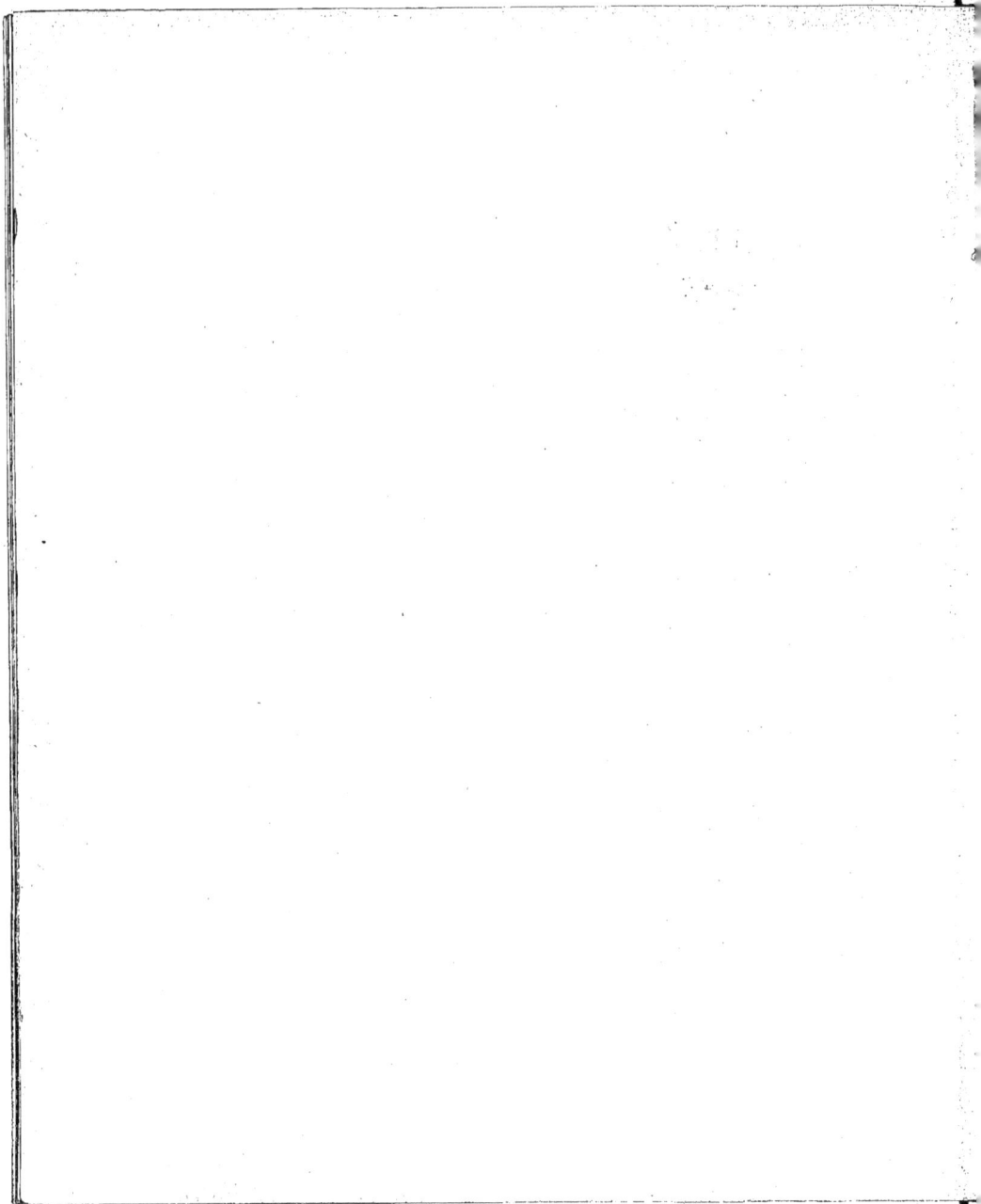

TABLE DES MATIÈRES.

TABLE MÉTHODIQUE DES MATIÈRES.

ERRATA.

~~~

Page 6, 2 et 3 lignes, au lieu de : rencontré, trouvé.	Lisez :	rencontrée, trouvée.

Page 6, 2me et 3me lignes, au lieu de : rencontré, trouvé.   Lisez : rencontrée, trouvée.
» » à la note au bas.   » planche 8, page 15.
» 7, à la note au bas.   » page 27.
» 9, 1re ligne, au lieu de : mince au bord, pédicule.   » mince au-bord ; pédicule.
» » 2me ligne, au lieu de : ensuite creux ; raide   » ensuite creux, raide.
» » id. au lieu de : couleur de rouille en dessous.   » couleur de rouille dans le bas.
» 15, 5me ligne en bas, au lieu de : Toute cette espèce.   » Cette espèce.
» 37, 1re ligne en bas, au lieu de : raîche.   » fraîche.

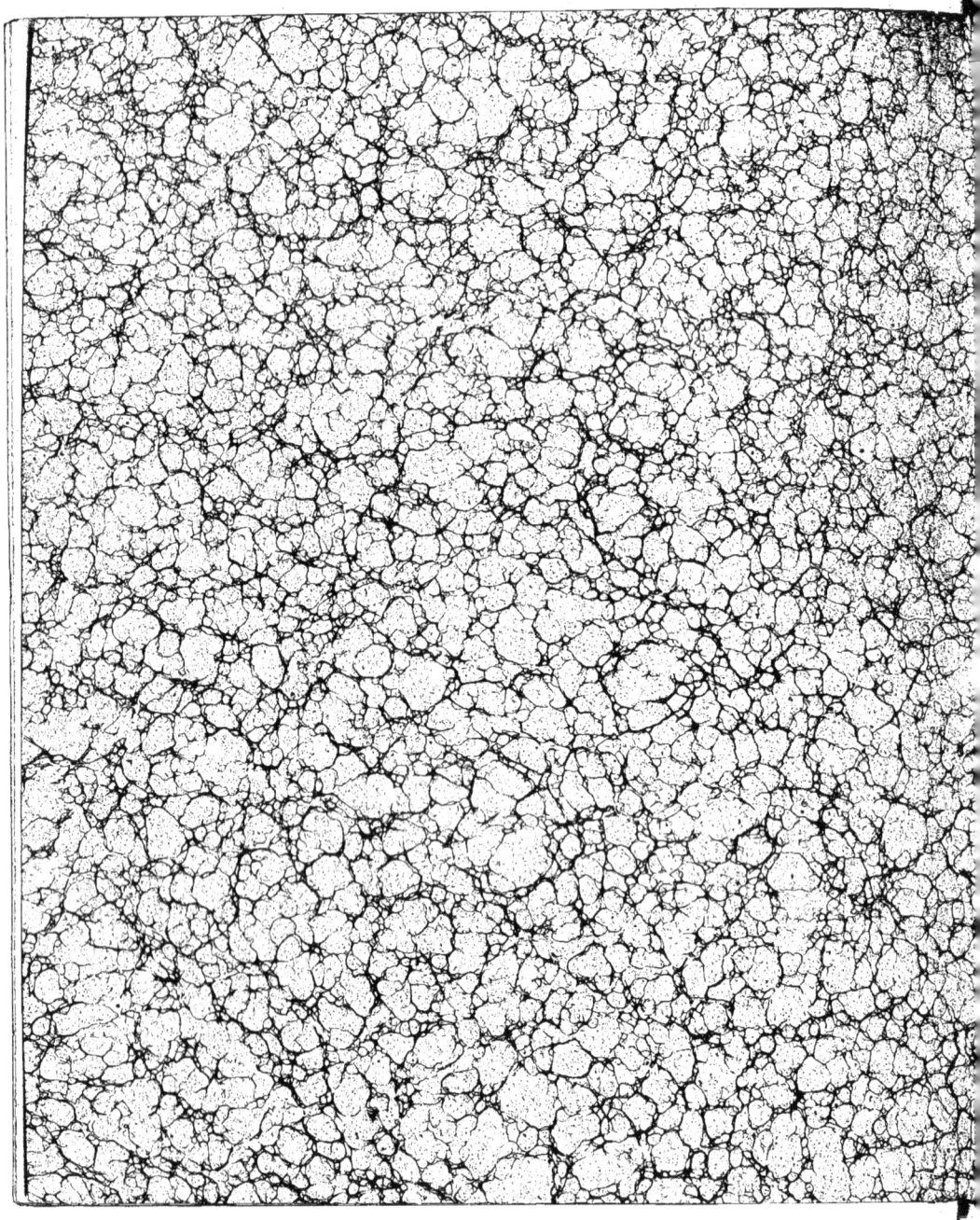

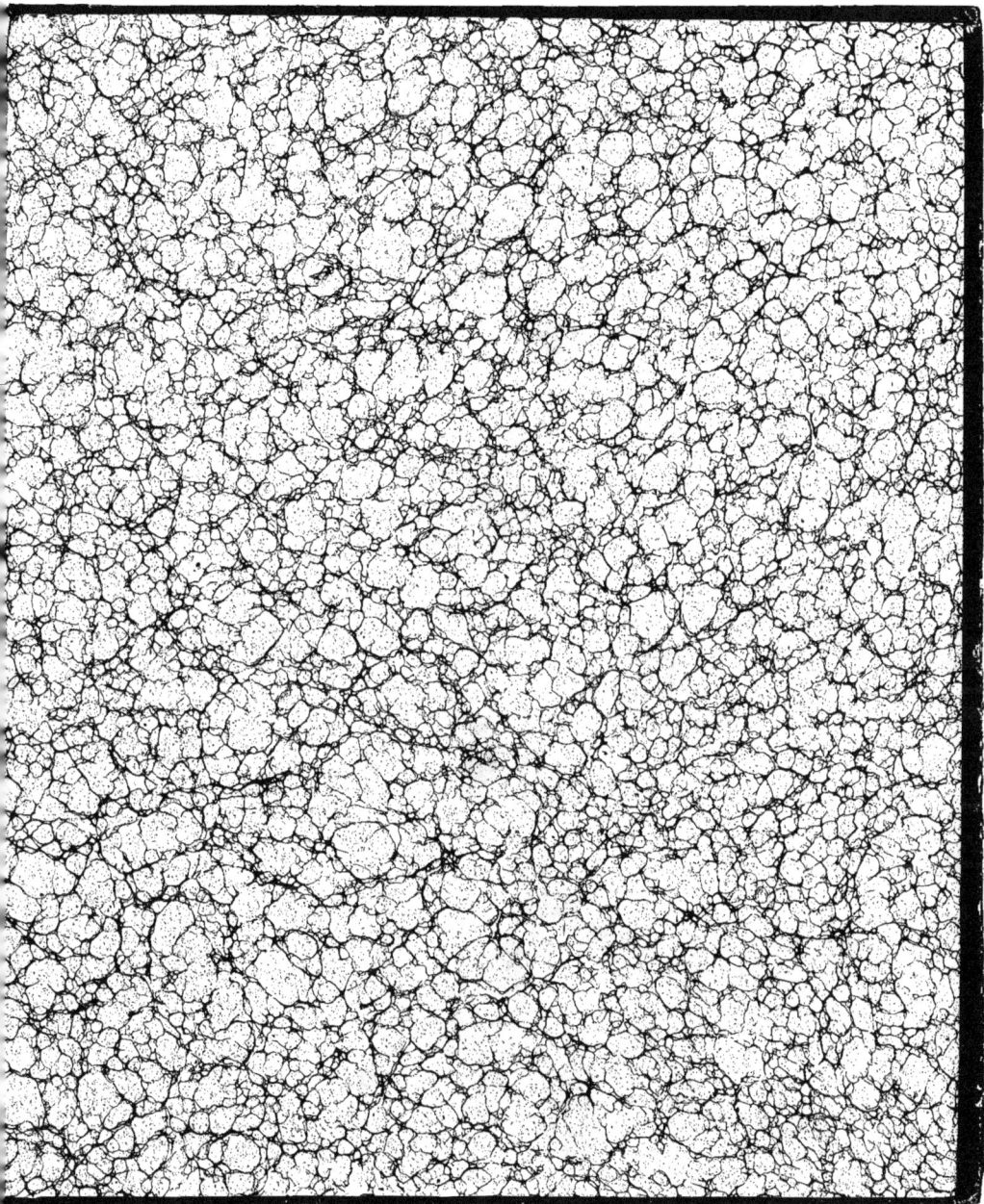

www.ingramcontent.com/pod-product-compliance
Lightning Source LLC
Chambersburg PA
CBHW071525200326
41519CB00019B/6070